中华饮食
文化丛书

U0853703

粤菜

新东方烹饪教育 组编

中国人民大学出版社
·北京·

图书在版编目（CIP）数据

粤菜 / 新东方烹饪教育组编. -- 北京 : 中国人民大学出版社，2025. 6. --ISBN 978-7-300-33744-9

Ⅰ. TS972.182.65

中国国家版本馆 CIP 数据核字第 2025WC6885 号

中华饮食文化丛书

粤菜

新东方烹饪教育　组编

Yuecai

出版发行　中国人民大学出版社
社　　址　北京中关村大街 31 号　　邮政编码　100080
电　　话　010－62511242（总编室）　　010－62511770（质管部）
　　　　　010－82501766（邮购部）　　010－62514148（门市部）
　　　　　010－62511173（发行公司）　　010－62515275（盗版举报）
网　　址　http://www.crup.com.cn
经　　销　新华书店
印　　刷　北京瑞禾彩色印刷有限公司
开　　本　787 mm × 1092 mm　1/16　　版　　次　2025 年 6 月第 1 版
印　　张　14　　印　　次　2025 年 11 月第 2 次印刷
字　　数　230 000　　定　　价　52.00 元

编委会名单

前言

粤
YUECAI
菜

PREFACE

粤菜历史悠久，以崇尚风味鲜爽嫩滑、风格高雅大气、选料广博奇杂、技法灵活善变而独树一帜，享誉世界，是岭南文化的重要组成部分。

广东地处中国南端，位于亚热带，北回归线横穿境内中部，气候温暖、雨量充沛，优越的气候条件、复杂多样的地形地貌为动植物的生长创造了良好的环境，使其成为蕴藏丰富资源的一块宝地。

粤菜的精髓在于清而不淡、鲜而不俗，追求食材的本色、本味。

本教材中所有菜式均由新东方烹饪教育一线名师示范制作，既展示出新东方烹饪教育的实力，又贴合当下人们求新鲜、快节奏、高效率的生活方式。这是一本专业性强、品质高的烹饪实用教材。

本教材的最大特色是实用性强，文化特色突出。本教材既可作为烹饪学校的培训教材，也可作为烹饪爱好者的学习宝典。每一款菜肴都配有细致的文字解说、精美的示范制作图。另外，每一款菜肴都配有讲解视频，读者只要扫描二维码，就能欣赏新东方烹饪教育一线名师精湛的刀工、严谨的美食制作工艺和高超的摆盘技法。

目录

粤 YUECAI 菜

CONTENTS

话说粤菜 …… 1

凉菜

1. 桂花山药 …… 8
2. 西芹核桃 …… 10
3. 琥珀腰果 …… 12
4. 海蜇贡菜 …… 14
5. 沙姜猪手 …… 16
6. 和味金钱肚 …… 18
7. 冰镇九节虾 …… 20
8. 香菜捞猪肚 …… 22
9. 潮式冰卤大连鲍 …… 24
10. 香菜杏鲍菇卤牛肉 …… 26

热菜

传统经典菜

11. 豉油皇鸡脚 …… 30
12. 卤水掌翼 …… 32
13. 潮汕卤鸭头 …… 34

14. 蜜汁叉烧 …… 36
15. 澳门烧肉 …… 38
16. 煎焗竹肠 …… 40
17. 油泡肾球 …… 42
18. 豉油皇蒸鲈鱼 …… 44
19. 北菇掌翼煲 …… 46
20. 台山豉香鸡 …… 48
21. 白玉扣珍菌 …… 50
22. 豉汁煎酿三宝 …… 52
23. 芫荽豆腐鱼头汤 …… 54
24. 生炒菜心 …… 56
25. 盐焗乳鸽 …… 58
26. 甲鱼生炆阳山扇鸡 …… 60
27. 蒜子火腩煀大鳝 …… 62
28. 甜豆百合炒澳带 …… 64
29. 豉油糖炆鸡中翅 …… 66
30. 紫苏田螺炊鸡 …… 68
31. 脆皮多春鱼 …… 70
32. 潮式银杏白鳝 …… 72
33. 香芋焖鸭 …… 74
34. 蚝油生煀走地鸡 …… 76
35. 猪展胡萝卜煲双雪 …… 78
36. 白果支竹猪肚煲 …… 80
37. 暖胃羊肉煲 …… 82
38. 鱼汤浸什菌鱼腐 …… 84
39. 烧汁香煎莲藕夹 …… 86
40. 大豆芽韭菜炒腊味虾干 …… 88
41. 荷芹炒烧肉 …… 90
42. 金钱片枣茸蒸鲟龙 …… 92
43. 传统走油田鸡 …… 94
44. 碧绿爆炒肚片 …… 96
45. 顺德手工鲮鱼面 …… 98

代表名菜

46. 深井烧鹅 …… 102
47. 红烧乳鸽 …… 104
48. 化皮乳猪 …… 106
49. 客家酿豆腐煲 …… 108
50. 东江盐焗鸡 …… 110
51. 广州文昌鸡 …… 112
52. 七彩官燕 …… 114
53. 姜葱白切鸡 …… 116
54. 家乡酿鲮鱼 …… 118
55. 避风塘炒蟹 …… 120

酒店流行菜

56. 黑松露鳕鱼夹澳带 …… 124
57. 百香果汁银鳕鱼 …… 126
58. 日式烧汁墨鱼仔 …… 128
59. 鲜虫草花炖水鸭仔 …… 130
60. 虫草花蒸乳鸽 …… 132
61. 香煎榴莲糯米卷 …… 134
62. 红腰豆花生猪尾煲 …… 136
63. 鲜沙姜盐焗鲜鲍 …… 138
64. 原只番茄燕麦煮鲜鲍 …… 140
65. 珍珠蚝啫啫鸡 …… 142
66. 酱皇爆炒兰花蚌 …… 144
67. 芝士伊面焗青虾 …… 146
68. 蟹肉上汤浸苦瓜 …… 148
69. 烧汁羊肋排 …… 150
70. 生煎龙虾仔 …… 152
71. 青芥美极焗虾 …… 154
72. 百花酿鱼肚 …… 156
73. 红葱头焗走地鸡 …… 158
74. 猪肚包鸡 …… 160
75. 翡翠三菇炒白腊肉 …… 162
76. 脆皮豆腐黄金虾 …… 164
77. 风味孜然骨 …… 166
78. 葱油淋鲈鱼 …… 168
79. 黑蒜炖鹧鸪 …… 170
80. 豉汁蛏子皇 …… 172
81. 香菠蜜椒骨 …… 174
82. 双味鸳鸯虾球 …… 176
83. 金蒜粉丝蒸元贝 …… 178
84. 三丝鲜茄煮黄花鱼 …… 180
85. 盐焗花螺 …… 182
86. 黑椒菌牛肋骨 …… 184
87. 黑松露杏鲍菇炒贵妃蚌 …… 186
88. 芙蓉炒鱼芸 …… 188
89. 泡菜煮肥牛 …… 190
90. 黑椒脆皮牛腩 …… 192
91. 芥香花螺 …… 194
92. 黄豆酱花肉煎炆红杉鱼 …… 196
93. 黑醋脆皮大肠 …… 198
94. 板麻和牛粒 …… 200
95. 鲜芡实藕带蜜豆炒虾球 …… 202
96. 豉油皇煎焗羔鱿 …… 204
97. 黑椒珍菌牛柳条 …… 206
98. 黑松露花肚焖鸡 …… 208
99. 鹅肝酱鲜虾粉丝煲 …… 210
100. 夏果芦笋鳕鱼丁 …… 212

话说粤菜

一、粤菜文化

“食在广州，味在顺德”，粤菜作为中国八大菜系之一，以独特的风味、丰富的食材和精湛的烹饪技艺，在中华饮食文化中独树一帜，承载着深厚的岭南文化底蕴。

粤菜源远流长。唐宋以前，中原移民带来的先进烹饪技术与岭南的丰饶物产相结合，为粤菜的发展奠定基石。历经唐宋的繁荣，广州作为重要港口，对外贸易频繁，外来文化涌入，不断丰富粤菜的内涵。至明清时期，广州成为南方经济重镇，饮食市场兴旺，粤菜博采众长，融合南北风味与中西烹饪技法，最终形成独特风格。

粤菜的风味特色鲜明，堪称一绝。口味追求“清、鲜、嫩、滑、爽、香、脆”，注重保留食材本味，调味清新自然，契合岭南炎热潮湿的气候。选料十分广博，天上飞禽、水中游鱼、地上走兽、土里根茎皆可入馔，遵循“不时不食”原则，强调食材的新鲜与季节性。烹饪技法极为丰富，涵盖炒、煎、焖、烩、蒸、炖、扣、煲、熘、羹、扒、烧等，对火候和烹饪时间把控精准。

粤菜的文化内涵丰富。在饮食礼仪上，食用粤菜时规矩颇多，如长辈先动筷、不敲碗筷、不浪费食物等，宴请宾客时座位安排、上菜顺序也有严格讲究。粤菜还践行着养生理念，注重食材搭配与烹饪技法，以达养生保健之效，老火靓汤便是典型。此外，粤菜在发展中不断吸收其他菜系和西方饮食文化精华，展现融合创新精神，如引入西餐焗、烤技法，创造焗蜗牛、烤生蚝等菜肴。

粤菜由广州菜、潮州菜、东江菜组成。广州菜中的白切鸡，皮黄肉白，肥嫩鲜美，原汁原味；烧鹅皮脆肉嫩，香气四溢；烤乳猪色泽红润，皮脆肉香。潮州菜里，潮州卤水拼盘卤味醇厚，食材搭配巧妙；潮汕牛肉火锅以新鲜牛肉和特色沙茶酱闻名，口感鲜嫩；蚝烙外酥里嫩，香气扑鼻。东江菜的客家酿豆腐口感嫩滑，豆香与肉香交融；梅菜扣肉肉质软糯，梅菜咸香浓郁；盐焗鸡皮滑肉嫩，咸香独特。广式点心同样出彩，虾饺晶莹剔透，内馅饱满，虾肉弹嫩；肠粉口感爽滑，搭配酱汁，滋味丰富；叉烧包外皮松软，内馅香甜。

从家常便饭到高档宴席，粤菜无处不在。它不仅是满足口腹之欲的美食，也是岭南文化的生动载体，承载着历史记忆、民俗风情和人文精神。如今，粤菜已走出岭南，走向世界，让全球食客领略到中华饮食文化的独特魅力，成为连接不同地域人们情感与文化的纽带。

二、粤菜的特点

粤菜最大的特点便是对食材鲜度的极致追求。在粤菜的世界里，“鲜”是灵魂所在。在清晨的海鲜市场，活蹦乱跳的鱼虾蟹贝是厨师们眼中的珍宝。当日捕捞的海鱼，清蒸上桌，仅以葱姜与蒸鱼豉油提味，入口瞬间，那纯粹的鱼鲜在舌尖散开，肉质的鲜嫩爽滑，带着大海的蓬勃生机，每一口都是对新鲜本味的礼赞。这种对鲜度的执着，贯穿于粤菜的每一道佳肴，无论是街头巷尾的云吞面，还是高档酒楼的鲍参翅肚，新鲜食材的本味永远是粤菜的核心。

食材的广博多样也是粤菜的显著特征。天上飞的白鸽、鹌鹑，地上跑的猪、牛、羊，水里游的鱼、虾，乃至山间的野菜等，都能在粤菜的餐桌上找到一席之地。对食材的包容，不仅体现了岭南地区丰富的物产资源，也反映了粤菜海纳百川的饮食文化。

粤菜的烹饪技法可谓博大精深，炉火纯青。多种烹饪技法，在粤菜厨师手中运用自如。每一种技法都有着独特的技巧，共同演绎出粤菜的万千风味。清蒸鱼讲究火候精准，多一分则老，少一分则生，出锅时鱼身淋上热油激发出葱、姜的香气，完美保留了鱼的鲜嫩；煲仔饭是将生米与食材一起放入砂锅中，以小火慢煲，底部形成一层金黄酥脆的锅巴，米饭吸收了食材的汤汁，香气四溢……

粤菜，不仅是美食，也是文化的传承和生活态度的体现。它以鲜为本、选材广博、技法精湛、调味精妙，将岭南地区的风土人情、历史文化融入每一道菜肴之中。

三、粤菜常用的烹调技法

粤菜，作为八大菜系之一，以丰富多样的烹调技法，成为中华饮食文化的璀璨明珠。

蒸，是粤菜保留食材本味的秘诀。制作清蒸鱼时，活鱼简单处理后，仅以葱、姜、料酒提味，猛火快蒸，使鱼肉鲜嫩，入口即化，最大限度地保留了鱼的原汁原味与营养。

炒，讲究“锅气”。热锅下油，食材迅速入锅，厨师快速大火翻炒，让食材在高温下快速成熟。炒时蔬时，短短数十秒，让蔬菜保持爽脆口感和鲜亮色泽，尽显清新自然。

煎与炸，带来酥脆的口感。煎是小火慢煎，如烧汁香煎莲藕夹，在少量油中慢慢煎至金黄，使外皮酥脆、内馅软糯。炸则是大火速成，如炸春卷，高温让外皮瞬间酥脆，咬下去“嘎吱”作响，与鲜嫩内馅形成对比。

焖、炖、焗、煲是粤菜的“慢功夫”。焖，先煎炒再小火慢焖入味；炖，食材与水、调料长时间炖煮，营养交融；焗，利用热气让食材熟透，自带独特香气；煲，小火慢熬，让食材味道充分释放。这些技法是粤菜的灵魂，它们或追求本味，或创造口感层次，共同演绎出粤菜的独特风味，展现岭南饮食文化的独特魅力。

四、传统经典菜

粤菜中的传统经典菜承载着深厚的岭南文化底蕴，散发着令人难以抗拒的魅力。蜜汁叉烧堪称一绝。蜜汁叉烧用独特的蜜汁酱料腌制猪肉，炭火慢烤，外皮微焦，肉质软嫩，香甜的蜜汁渗透其中，每一口都让人陶醉。煲仔饭也是不得不提的经典菜品。将大米与排骨、腊味等食材一同放入砂锅中，小火慢煲。米饭在炖煮过程中吸收了食材的汤汁，变得软糯鲜香；而底部金黄酥脆的锅巴，更是煲仔饭的灵魂，用勺子轻轻一铲，“嘎嚓”作响，与软糯米饭形成鲜明对比，带来奇妙的口感体验。

传统经典菜，选材讲究新鲜，烹饪技法多样，调味追求清淡自然，最大限度地突出食材本味。它们不仅满足了人们的味蕾，也成为岭南文化的独特符号，让每一位食客在品尝美食的过程中，领略到粤菜的独特魅力。

五、代表名菜

粤味寻香，舌尖上的岭南风华。在中华美食的璀璨星河里，粤菜宛如一颗耀眼的明珠，以独特风味和深厚底蕴，成为“老饕”们心中的至爱。白切鸡、白云猪手、烧鹅等代表名菜魅力十足。

白切鸡，看似做法简单，实则非常考验食材与厨师的烹饪功底。白切鸡选用新鲜的走地鸡，以葱、姜、料酒与清水慢煮，火候恰到好处，确保鸡肉熟透的同时，保留鲜嫩多汁的口感。出锅的白切鸡皮黄肉白，皮爽肉滑，原汁原味，搭配姜葱蓉蘸料，每一口都是对鸡肉本味的极致礼赞。烧鹅历经腌制、吹气、上皮水、风干等复杂工序，再入炉高温烤制；出炉时，外皮红亮酥脆，鹅肉鲜嫩多汁，入口香脆，搭配酸梅酱，酸甜解腻，口感层次丰富。

这一道道粤菜代表名菜，承载着岭南的饮食文化，凝聚着厨师们的匠心，让人们在品味美食的同时，感受粤菜的独特魅力。

六、酒店流行菜

粤菜的食材选取遵循“不时不食”，讲究新鲜与当季，无论是生猛海鲜、鲜活禽畜，还是新鲜蔬果，都能在粤菜中被巧妙运用。对食材品质的执着追求，契合酒店高端餐饮对品质的严苛标准，满足了追求高品质生活的食客的需求。粤菜烹饪技法丰富多样，厨师将各种技法运用自如。这些精妙技法为酒店菜品创新提供了广阔空间。

粤菜口味清、鲜、嫩、滑、爽、香、脆，以清淡鲜美为主，既能满足本地食客对原汁原味的喜爱，又能让外地乃至外国食客轻松接受。因此在高端商务宴请和重要社交活动中，粤菜凭借精致菜品、优雅摆盘和深厚文化底蕴，成为一道亮丽的风景线。一道精致的黑松露鳕鱼夹澳带，口感丰富，满足了商务宴请等场合对菜品格调的要求。

在酒店流行菜领域，粤菜凭借食材、技法、口味、文化底蕴等多方面优势，稳占重要地位，散发独特魅力，引领酒店餐饮潮流。

凉菜

1. 桂花山药

准备材料

主料：铁棍山药 250g
辅料：干桂花 10g
调料：桂花酱 30g

制作步骤

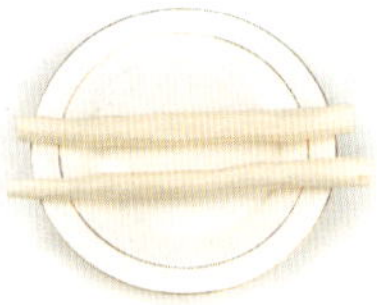
①

②

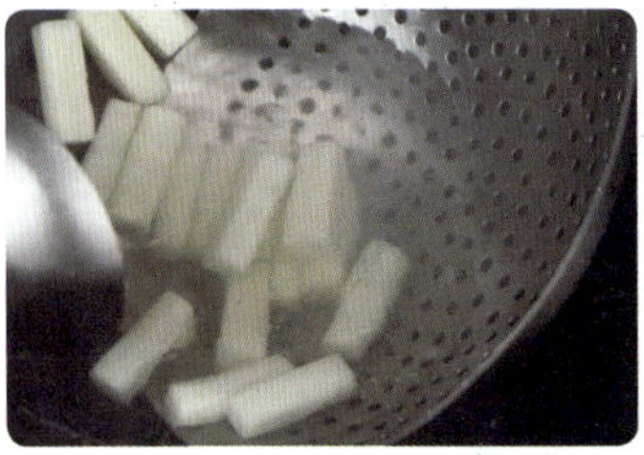
③

④

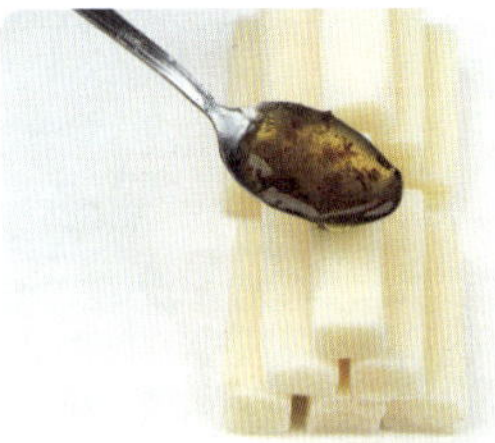
⑤

⑥

① 山药洗净、去皮备用。
② 山药改刀成 5cm 长的条状。
③ 净锅烧水，入山药焯水断生。
④ 捞起山药，过冷水冲凉，沥干水分。
⑤ 山药装盘，码好。
⑥ 桂花酱淋面，再撒上干桂花即可。

注意事项

1. 山药去皮后要泡水备用，以防变色。
2. 制作时要将山药的水分吸干。

2. 西芹核桃

操作视频

准备材料

主料：西芹 200g、核桃仁 100g
辅料：青尖椒 20g、红尖椒 20g
调料：盐 4g、鸡粉 3g、香醋 5g、芝麻油 10g

制作步骤

①

②

③

④

⑤

⑥

① 西芹切 3cm 小段，青尖椒、红尖椒切片。
② 净锅烧水，下核桃仁煮 10 分钟至熟，捞起放凉。
③ 净锅烧水，下盐、鸡粉调味，下西芹、青尖椒、红尖椒焯水至熟，捞起放凉。
④ 在核桃仁中倒入西芹、青尖椒、红尖椒。
⑤ 下盐、鸡粉、香醋、芝麻油，将核桃仁、西芹、青尖椒、红尖椒搅拌均匀。
⑥ 装盘成菜。

注意事项

1. 西芹焯水的时候，可以加入油和盐，提底味的同时可以使西芹色泽更加鲜亮。
2. 制作时要将食材水分吸干。

3. 琥珀腰果

准备材料

主料： 腰果 300g
辅料： 白芝麻 20g
调料： 白糖 100g、麦芽糖 50g、食粉 5g

制作步骤

①

②

③

④

⑤

⑥

① 净锅烧水，放入腰果，加入食粉，煮 5 分钟，捞起沥干水分。
② 净锅下白芝麻，小火煸香。
③ 净锅烧油至 60℃，下腰果炸至金黄酥脆。
④ 净锅下水，下白糖小火煮开，下麦芽糖熬至糖浆呈金黄色，放入腰果翻炒均匀。
⑤ 出锅，装入盘中，趁热撒上白芝麻。
⑥ 装碟成菜。

注意事项

1. 腰果飞水后要冲净，沥干水分。
2. 炸腰果时要控制好火候。
3. 注意糖浆的颜色，接近金黄色时关火，以防煮过会变苦。

4. 海蜇贡菜

操作视频

准备材料

主料： 海蜇头 200g、干贡菜 50g
辅料： 红椒 10g、青椒 10g、香菜 20g、蒜 15g
调料： 盐 2g、鸡粉 3g、香醋 6g、生抽 4g、辣椒油 5g

制作步骤

①

②

③

④

⑤

⑥

① 干贡菜用温水浸泡 1 小时，使其涨发，切成均匀的段。
② 海蜇头切丝。
③ 净锅烧水，下海蜇头焯水，然后捞出，下贡菜丝，焯水至熟。
④ 海蜇丝、贡菜丝中加入盐、鸡粉、香醋、生抽、辣椒油调味。
⑤ 加入蒜、尖椒丝、香菜拌匀。
⑥ 装盘成菜。

注意事项

1. 干贡菜要充分泡发，不然会影响口感。
2. 制作时要将食材水分吸干。

5. 沙姜猪手

操作视频

准备材料

主料：猪手 1000g
辅料：鲜沙姜 100g、香菜 10g、姜 50g、葱 30g
调料：白醋 50g、盐 3g、鸡粉 3g、芝麻油 2g、料酒 8g

制作步骤

①

②

③

④

⑤

⑥

① 鲜沙姜拍开剁碎，香菜切小段，姜切片，猪手对半斩开，葱切条。
② 猪手对半斩开。
③ 净锅烧水，下猪手、料酒，加入白醋、姜片、葱条，小火浸卤 30 分钟至熟。
④ 将熟猪手放入冰水里浸泡 15 分钟，捞起沥干水分。
⑤ 将猪手斩成小块，装盘。
⑥ 鲜沙姜碎加入盐、鸡粉、芝麻油，淋上热油拌匀，淋在猪手上，香菜点缀，成菜。

注意事项

1. 猪手的皮毛要处理干净。
2. 小火浸泡猪手至熟，不能用大火，否则猪手会爆裂。
3. 过冰水泡有爽脆效果。

6. 和味金钱肚

操作视频

准备材料

主料：金钱肚 500g
辅料：姜 30g、八角 5g、香叶 5g、草果 5g、黄栀子 5g
调料：盐 50g、鸡粉 20g、白糖 20g

制作步骤

①

②

③

① 净锅烧水，下八角、香叶、草果、黄栀子、盐、白糖、鸡粉，调制卤水。
② 水开后下金钱肚，小火浸卤 45 分钟至软化入味。
③ 金钱肚捞起后切小片，装盘，淋上汤汁，成菜。

注意事项

1. 金钱肚飞水洗净后才能卤制。
2. 因为金钱肚易入味，所以卤制时间不宜过长。

7. 冰镇九节虾

操作视频

准备材料

主料：九节虾 500g
辅料：柠檬片
调料：日式酱油 30g、芥末 5g、甜辣酱 5g

制作步骤

①

②

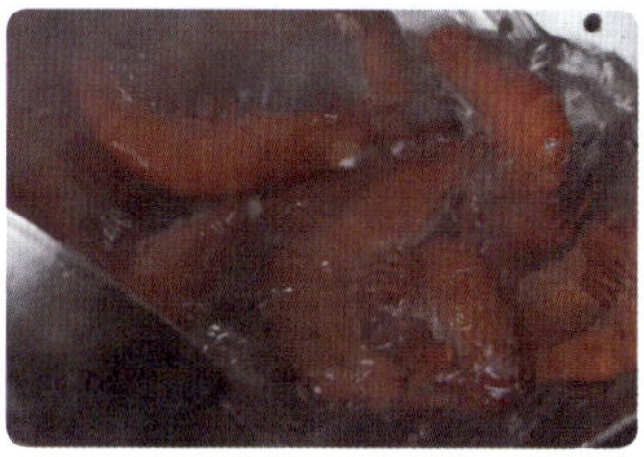
③

④

⑤

⑥

① 九节虾清洗干净。
② 修剪好虾须。
③ 净锅烧水，放入九节虾，焯水至熟。
④ 捞起，放入冰水，静置 30 分钟。
⑤ 将日式酱油、芥末、甜辣酱拌匀，做好蘸汁。
⑥ 九节虾装盘，配上蘸汁、柠檬片，成菜。

注意事项

1. 选用新鲜的虾，以生猛的活虾为佳。
2. 焯水时，要注意火候和时间，不要过熟。

8. 香菜捞猪肚

操作视频

准备材料

主料：猪肚 500g（熟肚 150g）
辅料：香菜 20g、姜 40g、青尖椒 20g、红尖椒 20g、蒜 10g
调料：盐 4g、鸡粉 3g、香醋 5g、芝麻油 5g

制作步骤

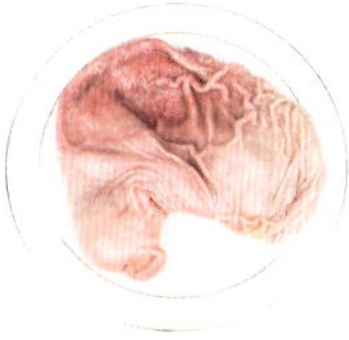

①

②

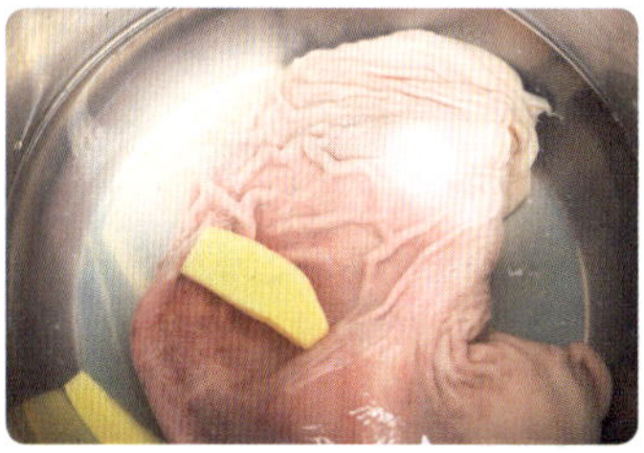

③

④

⑤

⑥

① 用盐抓洗干净猪肚。
② 香菜切小段，青尖椒、红尖椒切丝，蒜切末。
③ 压力锅加水，放入猪肚、姜，煮 15 分钟至熟，捞起。
④ 猪肚捞起后放入冰水中浸泡 5 分钟。
⑤ 将熟猪肚切成丝。
⑥ 放入尖椒丝、蒜、盐、鸡粉、香醋、芝麻油调味，放入香菜，搅拌均匀，装碟，点缀，成菜。

注意事项

1. 猪肚在烹饪前，要用盐抓洗干净，去除表面黏液，再冲洗干净。
2. 制作时要将猪肚水分吸干。

9. 潮式冰卤大连鲍

操作视频

准备材料

主料： 大连鲍

辅料： 潮汕卤水（包含八角 10g、桂皮 10g、香叶 10g、草果 20g、豆蔻 15g、陈皮 15g、丁香 5g、小茴香 5g、姜 50g、葱 50g、柠檬片 10g）

调料： 生抽 500g、老抽 100g、鱼露 50g、冰糖 150g、盐 20g、味粉 100g、鸡粉 120g、料酒 150g

制作步骤

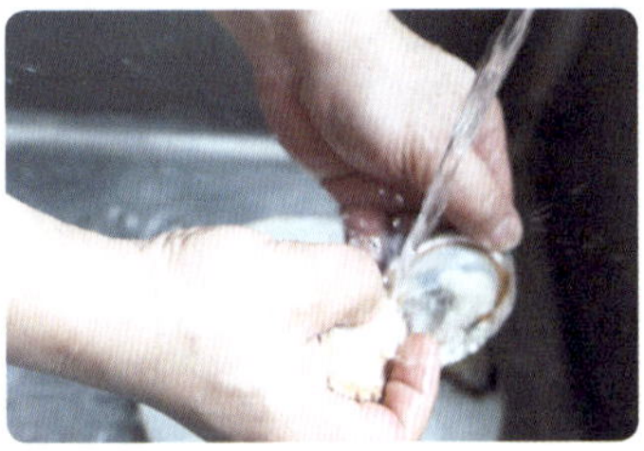
①

②

③

④

⑤

⑥

① 将大连鲍去壳取肉洗净。

② 锅中加入适量清水，放入料酒，放入大连鲍焯水 1 ~ 2 分钟，捞出沥干水分。

③ 将潮汕卤水材料放入锅中，加入适量清水、生抽、老抽、鱼露、冰糖、盐、味粉、鸡粉，大火烧开后转小火煮 30 分钟左右，让香料的味道充分释放出来。

④ 把焯好水的大连鲍放入卤水中，小火煮 10 ~ 15 分钟，让鲍鱼充分吸收卤水的味道。

⑤ 待鲍鱼完全冷却后，捞出沥干水分。

⑥ 将鲍鱼放在盘子中，用冰块围绕装饰，淋卤水汁即可。

注意事项

1. 煮鲍鱼的时间不宜过长，以免肉质变老。

2. 冰镇的时间要掌握好，过长可能会使鲍鱼口感过硬。

10. 香菜杏鲍菇卤牛肉

操作视频

准备材料

主料：牛腱 600g
辅料：姜 10g、葱 10g、杏鲍菇 100g、香菜 15g、红葱头 20g
调料：盐 5g、鸡粉 5g、麻油 5g、生抽 5g、料酒 20g、老抽 5g、糖 2g

制作步骤

①

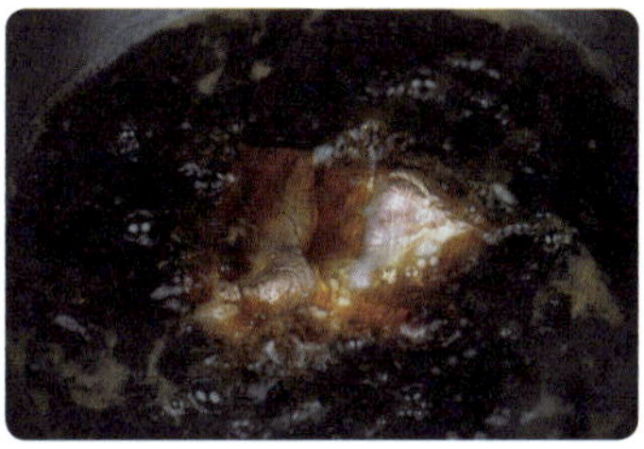

②

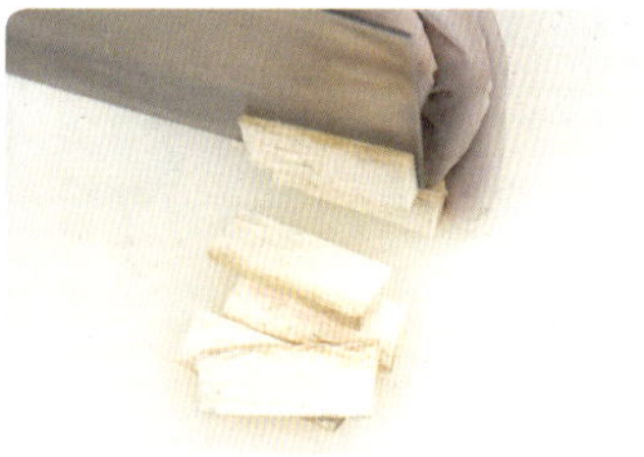

③

④

⑤

⑥

① 牛腱洗净，加入姜、葱、香菜、红葱头，下料酒、盐、麻油，腌制至入味。
② 净锅倒水，加入牛腱，下盐、糖、鸡粉、生抽、老抽调味，煮熟后捞出。
③ 杏鲍菇切片。
④ 起锅烧油，下杏鲍菇，炸至微黄备用。
⑤ 牛腱切片后放入碗中，加入杏鲍菇、盐、鸡粉、糖、生抽、麻油，搅拌均匀。
⑥ 杏鲍菇挑出垫底，装盘成菜。

注意事项

1. 牛腱飞水洗净后才能卤制。
2. 卤制时间不宜过长。

热菜

传统经典菜

11. 豉油皇鸡脚

操作视频

准备材料

主料： 鸡脚 400g
辅料： 姜 20g、香菜 10g、花生米 30g、洋葱 30g
调料： 盐 3g、白糖 20g、生抽 100g、老抽 30g

制作步骤

①

②

③

④

⑤

⑥

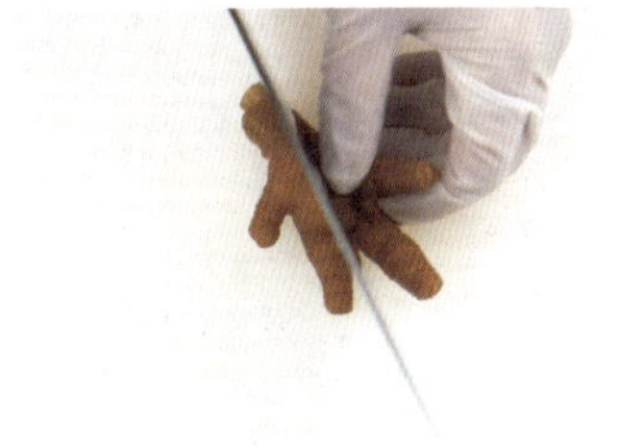
⑦

⑧

⑨

① 将鸡脚去指甲，洋葱切丝，香菜切段。
② 鸡脚冷水下锅，焯水至熟，捞出沥干水分。
③ 起锅烧油，将花生米炸至香脆。
④ 净锅烧水，下盐、白糖、生抽、老抽、姜调汁。
⑤ 将鸡脚放入卤汁里小火慢浸。
⑥ 鸡脚浸至软熟后，捞出自然冷却。
⑦ 鸡脚冷却后改刀，一开二，装入盘中。
⑧ 放香菜、洋葱丝，淋入卤汁拌匀。
⑨ 放上花生米，装盘成菜。

注意事项

鸡脚卤制时间不宜太长，否则会影响口感。

12. 卤水掌翼

操作视频

准备材料

主料： 鸭掌 500g、鸭翼 500g
辅料： 香叶 10g、豆蔻 10g、八角 10g、丁香 10g、草果 25g、桂皮 25g、南姜干 250g、沙姜干 75g、小茴香 10g、香茅 10g、姜 15g、葱 20g
调料： 生抽 500g、老抽 30g、鱼露 100g、盐 30g、鸡粉 20g、料酒 150g

制作步骤

①

②

③

④

⑤

⑥

① 将鸭掌、鸭翼清洗干净，冷水下锅，加入姜、葱、料酒，焯水去腥。
② 将鸭掌、鸭翼煮至变色成熟，捞出过冷水备用。
③ 将各种香料混合在一起，放入温水中浸泡 10 分钟。
④ 取深锅，倒入清水 2000g，加入生抽、老抽、鱼露、盐、鸡粉。
⑤ 大火烧开后转小火煮 40 ～ 50 分钟。
⑥ 放入鸭掌、鸭翼，浸泡 4 小时即可成菜。

注意事项

1. 鸭掌、鸭翼焯水后过冷水冷却，可使其皮脆爽。
2. 卤制时控制好时间和火候。

13. 潮汕卤鸭头

操作视频

准备材料

主料： 鸭头 1000g

辅料： 姜 500g、蒜 500g、大葱 250g、香菜 250g、红葱头 500g、香茅 10g、香叶 10g、豆蔻 10g、八角 10g、丁香 10g、草果 25g、桂皮 25g、南姜干 250g、沙姜干 35g、小茴香 10g

调料： 盐 200g、鸡粉 250g、冰糖 100g、鱼露 750g、生抽 100g、花雕酒 250g

制作步骤

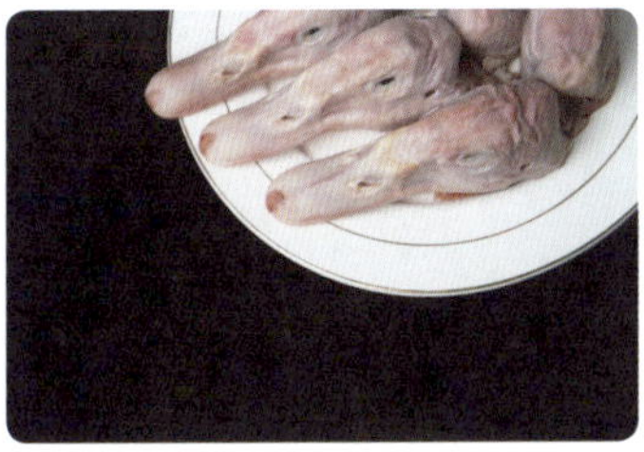

①

②

③

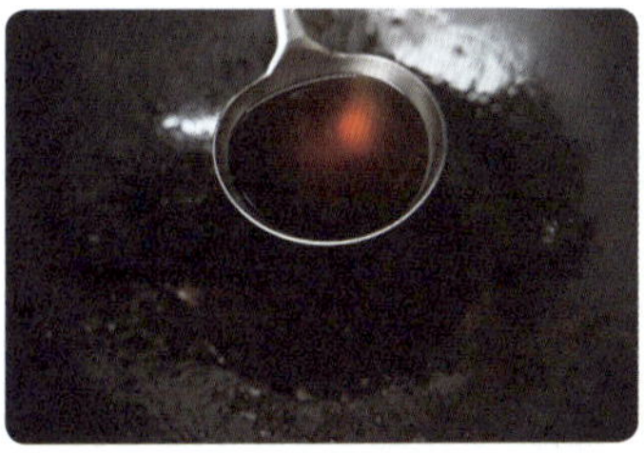

④

⑤

⑥

⑦

⑧

⑨

① 将鸭头清洗干净后焯水，捞起泡冷水备用。
② 净锅烧水，加入香料，小火煮 20 分钟至出味。
③ 净锅放入冰糖和 100g 水，慢火炒成糖浆色。
④ 加入鱼露、生抽、盐、花雕酒调味。
⑤ 加入煮好的卤水汁备用。
⑥ 净锅烧油，放入蒜、姜、红葱头、大葱、香菜，小火 120℃油温炸至金黄，捞起放入卤水汁中。
⑦ 下入鸡粉调味。
⑧ 将鸭头放入，小火卤 45 分钟至熟，捞起放凉。
⑨ 装盘成菜。

注意事项

1. 鸭头飞完水后过冷水冷却。

2. 卤制时控制好时间和火候。

14. 蜜汁叉烧

相传清朝时期，北方的烤肉技艺传入广东，广东厨师在此基础上进行改良，加入本地的调料和蜜汁，使其更符合广东人的口味，逐渐形成了现在的蜜汁叉烧，成为粤菜中的经典菜肴之一。这既反映了不同地域饮食文化的交流与融合，也反映了蜜汁叉烧在饮食文化中的传承与发展。

操作视频

准备材料

主料：五花肉 500g
辅料：蒜 50g、红葱头 50g
调料：五香盐 50g、生猪酱 50g、老抽 50g、生抽 50g、米酒 30g、麦芽糖 150g

制作步骤

①

②

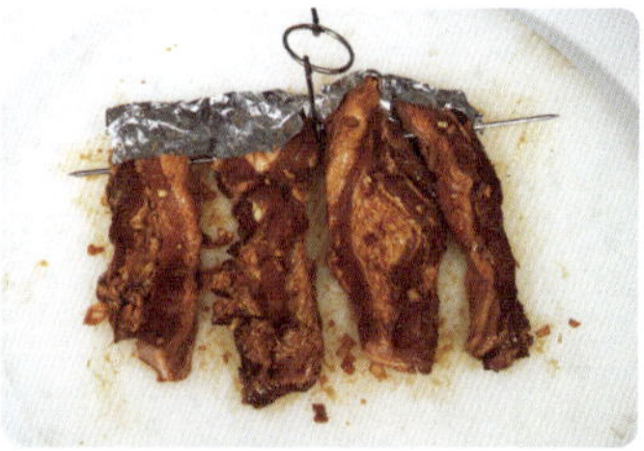
③

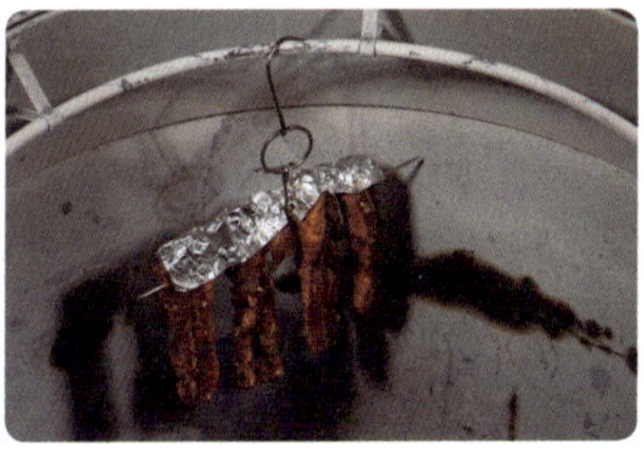
④

⑤

⑥

① 将五花肉去皮、切条。
② 红葱头、蒜拍碎，加入五香盐、生猪酱、生抽、米酒、老抽，将五花肉腌制 6 小时以上至入味。
③ 炉烧热，将五花肉条串好。
④ 五花肉入炉用 200℃烤 15 分钟取出，淋糖浆。
⑤ 五花肉回炉烤 15 分钟至熟，取出。
⑥ 待凉，切块装盘即可。

附：

叉烧糖浆的制作：150g 清水煮开，加入 150g 麦芽糖，小火将其煮化。
五香盐的制作：白糖 300g、盐 200g、鸡粉 50g、五香粉 15g、沙姜粉 10g、甘草粉 10g，拌匀。
生猪酱的制作：白糖 300g、柱侯酱 300g、海鲜酱 125g、芝麻酱 100g、南乳 50g、腐乳 30g，拌匀。

注意事项

1. 五花肉要挑选半肥半瘦的，梅花肉。
2. 五花肉改刀成一指长条。
3. 把控好腌制的时间及烤制时的火候。

15. 澳门烧肉

相传有一位厨师在处理肉时，不小心将火调大，结果发现烤出的猪肉皮金黄酥脆，口感极佳。经过多次试验和改进，他最终确定了先煮后烤、在猪皮上扎孔等制作脆皮烧肉的关键步骤，此后脆皮烧肉便演化为澳门烧肉，并广泛流传。

操作视频

准备材料

主料： 五花肉 1000g
调料： 盐 30g、五香盐 100g、生猪酱 10g

制作步骤

①

②

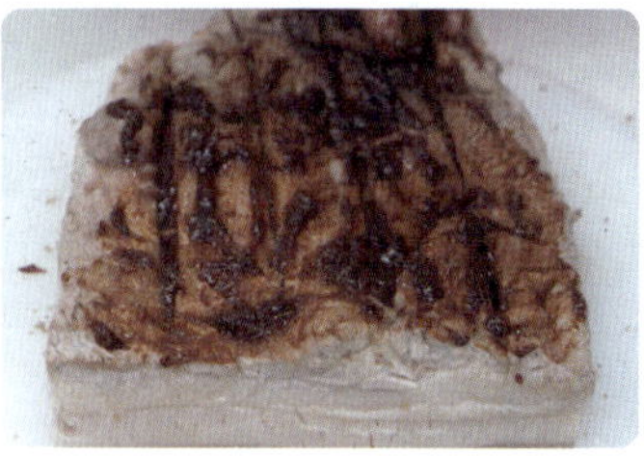
③

④

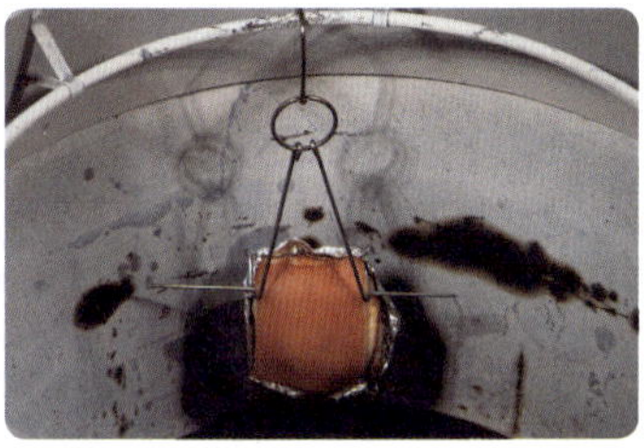
⑤

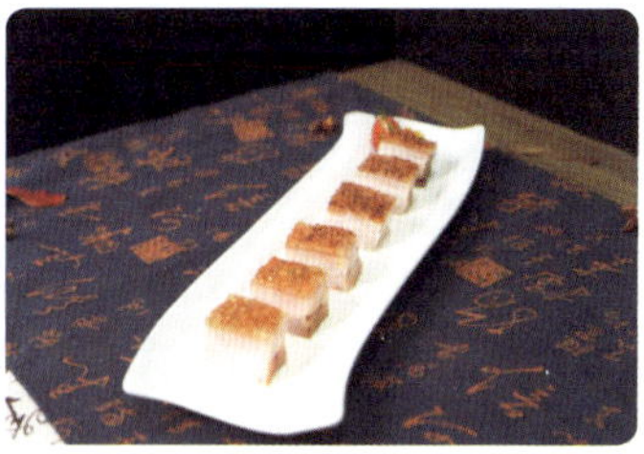
⑥

① 将五花肉改刀成长方形，焯水 20 分钟至半熟，取出过冷水。
② 将五花肉表皮松针，用盐擦匀，改刀开口。
③ 用五香盐、生猪酱擦匀。
④ 将五花肉用锡纸包好，腌制 2 小时至入味。
⑤ 吊起入炉，用 200℃炉温烤 30 分钟至熟，转大火开半炉盖用 400℃炉温烤至表皮爆焦，取出后把表皮焦处刮掉，回炉烤出油。
⑥ 待凉后切块即可。

注意事项

1. 五花肉以五分肥五分瘦的为佳。
2. 腌制的时间要足够长才能入味。
3. 烤制时火力要充足，爆烤才能起到麻皮的效果。

16. 煎焗竹肠

操作视频

准备材料

主料： 竹肠 500g
辅料： 姜 10g、蒜 10g、葱 20g、尖椒 25g、鸡蛋黄 1 个
调料： 料酒 20g、盐 4g、白糖 3g、生粉 50g

制作步骤

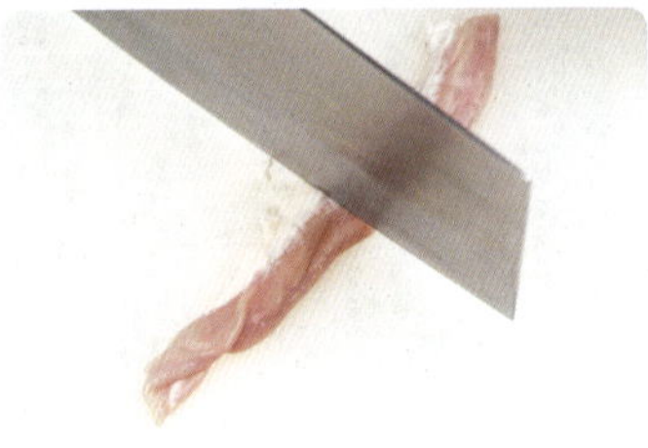
①

②

③

④

⑤

⑥

① 将竹肠切成段，尖椒切片。
② 将竹肠飞水后，捞出沥干水分。
③ 放入盐、白糖、鸡蛋黄、生粉，搅拌腌制至入味。
④ 净锅下油，将竹肠炸至金黄，盛出备用。
⑤ 起锅烧油，放入姜和蒜炒出香味，下竹肠、葱、尖椒，翻炒均匀。
⑥ 倒入料酒，翻炒均匀，出锅装盘。

注意事项

1. 腌制竹肠前要吸干水分。
2. 煎竹肠要热锅、小火。

17. 油泡肾球

操作视频

准备材料

主料： 鹅胗 500g
辅料： 菜心 500g、葱 10g、姜 10g、蒜 10g、鲜菇 10g、胡萝卜 20g
调料： 盐 4g、糖 3g、料酒 20g、麻油 15g、胡椒粉 4g、生粉 5g

制作步骤

①

②

③

④

⑤

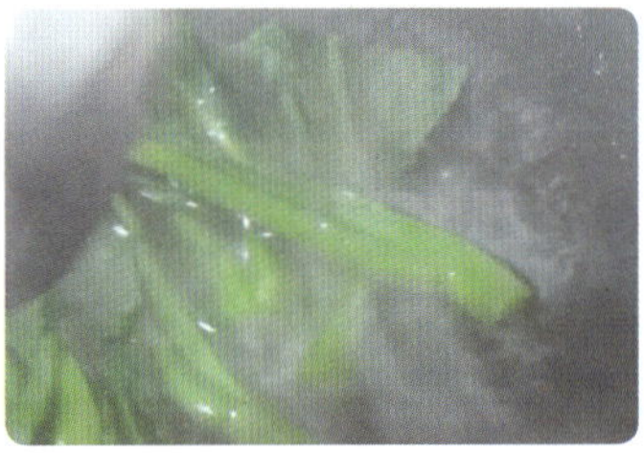
⑥

⑦

⑧

⑨

① 将鹅胗洗净，切去外衣。
② 将鹅胗改刀，用横直刀刻花纹成球状；菜心切段。
③ 鹅胗、葱、姜、料酒、盐、糖放入碗中，搅拌均匀，将鹅胗腌制至入味。
④ 起锅烧水，下盐、糖、料酒，调味水；鹅胗焯水定形，捞出沥干水分。
⑤ 净锅烧油至 100℃，放入鹅胗泡至断生，捞出沥油。
⑥ 起锅烧水，放入盐；菜心焯水，捞出。
⑦ 起锅下油，放入菜心，煸炒至熟。
⑧ 净锅下油，下蒜、姜、葱、香菇、胡萝卜爆香，放入鹅胗，下料酒、少许盐，翻炒均匀，下生粉水勾芡，翻炒后加入麻油、胡椒粉。
⑨ 翻炒均匀后装盘即可。

注意事项

1. 鹅胗改刀时要去外衣，去筋膜。
2. 用味水浸熟入味后，再泡油。

18. 豉油皇蒸鲈鱼

操作视频

准备材料

主料： 鲈鱼 500g
辅料： 姜 20g、葱 20g、红椒 5g
调料： 盐 3g、蒸鱼豉油 20g、胡椒粉 2g

制作步骤

①

②

③

④

⑤

⑥

① 将鱼杀好后，清洗干净。
② 鱼用盐抹均匀。
③ 装盘，放上姜片、葱条。
④ 放入蒸笼，大火蒸 10 分钟至熟。
⑤ 放上姜丝、葱丝、红椒丝。
⑥ 撒上胡椒粉，淋上热油，浇入蒸鱼豉油即可成菜。

注意事项

1. 杀鱼时鱼鳞要去干净。
2. 蒸制的时候注意使用大火短时间蒸。

19. 北菇掌翼煲

操作视频

准备材料

主料：鹅掌 250g、鹅翼 250g、北菇 50g
辅料：姜 25g、蒜 20g、葱 15g
调料：料酒 20g、盐 2g、白糖 3g、蚝油 3g、生抽 2g、柱侯酱 3g、海鲜酱 2g、老抽 25g、生粉 3g

制作步骤

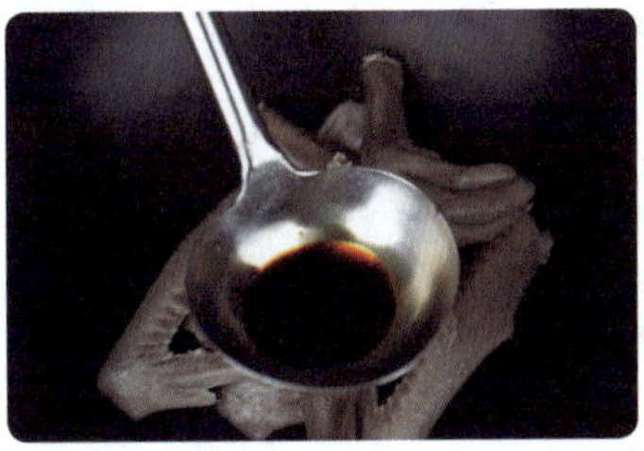

①

②

③

④

⑤

⑥

⑦

⑧

⑨

① 净锅烧水，将鹅掌、鹅翼焯水至熟，用老抽上色。
② 净锅烧油至 150℃，将鹅掌、鹅翼炸至金黄。
③ 将鹅掌、鹅翼斩成小块。
④ 用姜和蒜起锅，放入柱侯酱和海鲜酱炒香。
⑤ 放入北菇和鹅掌、鹅翼翻炒，下料酒、上汤。
⑥ 放入盐、白糖、蚝油、生抽调味，转小火焖 20 分钟。
⑦ 下葱段翻炒均匀。
⑧ 用生粉水勾芡，下包尾油。
⑨ 铲起放入加热好的煲仔内，成菜。

注意事项

1. 鹅掌、鹅翼飞水后放入冷水中冷却，可使其皮脆爽。
2. 炸鹅掌、鹅翼时要控制好油温。
3. 上汤是提前用老鸡、筒骨、猪展肉、鸡爪等原材料熬制的汤。

20. 台山豉香鸡

操作视频

准备材料

主料： 光鸡 650g
辅料： 红葱头 20g、姜 20g、蒜 15g、青椒 15g、红椒 15g
调料： 豆豉 15g、盐 3g、白糖 3g、生抽 20g、生粉 5g

制作步骤

①

②

③

④

⑤

⑥

① 青椒、红椒洗净后切菱形片。
② 将光鸡斩成小块，加入盐、白糖、生抽、生粉搅拌均匀，腌制至入味。
③ 热锅下油，将鸡块炸至金黄。起锅下油，倒入姜、蒜，炸至金黄。
④ 用红葱头、姜、蒜、青椒、红椒、豆豉起锅爆香。
⑤ 放入鸡块，翻炒均匀。
⑥ 下生抽翻炒均匀，装盘成菜。

注意事项

1. 鸡肉块大小要均匀。
2. 煎鸡肉时要热锅下油。

21. 白玉扣珍菌

操作视频

准备材料

主料：冬瓜 1500g
辅料：茶树菇 200g、杏鲍菇 200g、鸡腿菇 200g、龙骨 150g、虾米 30g、姜 10g
调料：料酒 20g、盐 6g、白糖 4g、烧汁 30g、生粉 5g、蚝油 15g、生抽 10g

制作步骤

①

②

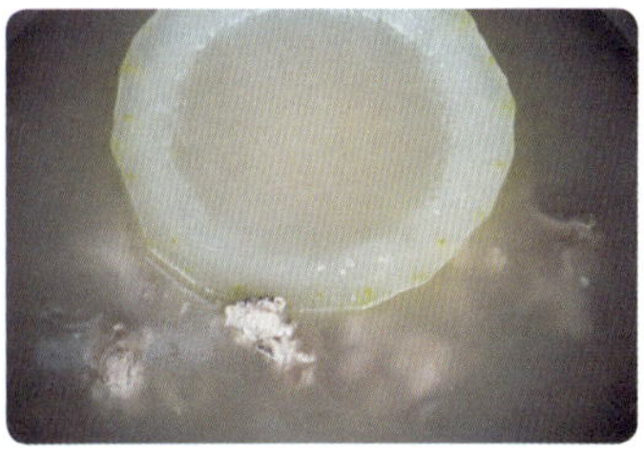
③

④

⑤

⑥

① 将冬瓜切成大圆块，再去皮，焯水。
② 龙骨、虾米、姜焯水，煮至入味。
③ 锅中只留冬瓜，其他盛出备用。
④ 用料酒、生抽、蚝油、盐、白糖、生粉调成汁。鸡腿菇切条，杏鲍菇切厚片，茶树菇对半切条，用油炸至金黄。
⑤ 起锅烧油，下鸡腿菇、杏鲍菇、茶树菇，翻炒均匀，倒入调好的汁和烧汁，翻炒均匀。
⑥ 装盘成菜。

注意事项

1. 冬瓜要用龙骨、姜、虾米煮软。
2. 勾芡时要控制好芡头和芡色。

22. 豉汁煎酿三宝

操作视频

准备材料

主料： 猪肉末（碎）400g
辅料： 茄子 150g、苦瓜 200g、青红椒 150g、蒜 15g、鸡蛋 1 个
调料： 豆豉 40g、盐 15g、糖 10g、鸡粉 10g、蚝油 20g、生粉 50g、麻油 10g、胡椒粉 10g

制作步骤

①

②

③

④

⑤

⑥

⑦

⑧

⑨

① 将猪肉碎搅拌摔打，加入适量的盐、糖、鸡粉、蚝油，加入生粉水，加入胡椒粉，抓拌均匀。
② 将茄子切成双飞件，苦瓜切圈并去除中间的瓤；青红椒切成两半，去除籽；蒜切粒，加入豆豉切碎。
③ 净锅烧水，下生粉，下苦瓜焯水。
④ 将青红椒、茄子、苦瓜内部拍少许干粉。
⑤ 将腌制好的肉馅酿入茄子、苦瓜和青红椒中，用蛋液抹平。
⑥ 热锅凉油，将酿好的茄子、苦瓜和青红椒放入锅中，煎至两面金黄。
⑦ 将豆豉、蒜爆香，加入料酒、适量水、盐、鸡粉、糖、麻油、胡椒粉调味；倒入苦瓜，大火煮沸，倒入蚝油搅拌均匀，加入茄子、青红椒，煮至入味，勾芡，翻炒均匀。
⑧ 盖上锅盖，焖煮 2 分钟后将茄子、青红椒捞起，苦瓜继续焖煮 3 分钟。
⑨ 打开锅盖，将茄子、青红椒放入，大火收汁，勾芡、淋包尾油后即可出锅。

注意事项

1. 煎酿三宝时，将一面煎至金黄后再翻面，这样可以保证肉馅熟透。
2. 焖煮时，要注意火候，避免煮煳。

23. 芫荽豆腐鱼头汤

操作视频

准备材料

主料： 鱼头 400g
辅料： 豆腐 200g、芫荽 50g、姜 20g、鲜菇 10g
调料： 料酒 5g、盐 3g、味粉 3g、糖 2g

制作步骤

①

②

③

④

⑤

⑥

① 将鱼头洗净，用盐和料酒抓洗干净，去除腥味。
② 将鱼头从中间斩开后切件，吸干水分；豆腐切成小块，芫荽洗净切段。
③ 鲜菇飞水后切片备用。
④ 净锅热油，放入鱼头，用中火慢慢煎至两面金黄。
⑤ 热锅烧油，放入姜、鲜菇、料酒、水、芫荽、豆腐、鱼头；加入盐、糖、味粉调味，煮 2～3 分钟即可。
⑥ 装盘成菜。

注意事项

1. 要选用新鲜的鱼头，这样煮出来的汤才会鲜美。
2. 煎鱼头时要掌握好火候，避免煎糊。
3. 煎好的鱼头加入开水，这样可以使汤的颜色更白，味道更鲜美。

24. 生炒菜心

操作视频

准备材料

主料：菜心 500g
辅料：肥肉 30g、蒜 30g
调料：盐 3g、鸡粉 3g、白糖 3g、生抽 5g、米酒 5g

制作步骤

①

②

③

④

⑤

⑥

① 把蒜头洗净，拍扁；将菜心洗净，去头尾后改刀成长段，备用。
② 净锅烧油，翻炒菜心。菜心断生后，下盐、鸡粉、白糖调味，翻炒均匀，备用。
③ 净锅烧油，放入肥肉，用小火炼至金黄出油。
④ 放入蒜爆香，放入菜心，翻炒均匀。
⑤ 将生抽、米酒洒在锅边，转大火快速翻炒。
⑥ 装盘点缀，成菜。

注意事项

1. 菜心的长度应尽量一致。
2. 炒菜心时要控制好火候。

25. 盐焗乳鸽

盐焗乳鸽是从焗鸡演变过来的客家菜。相传在客家人迁徙的过程中，由于路途遥远，活禽不便携带，因此有人将鸡宰杀后放入盐包中腌制保存。到达新的定居地后，人们意外发现经过腌制的鸡肉不仅没有变质，而且香气扑鼻、肉质鲜嫩，于是盐焗鸡的做法便由此流传开来。

操作视频

准备材料

主料： 乳鸽 300g
辅料： 鲜沙姜 25g、姜 30g、葱 20g、油纸 4 张
调料： 粗盐 1500g、盐焗鸡粉 20g、生抽 25g

制作步骤

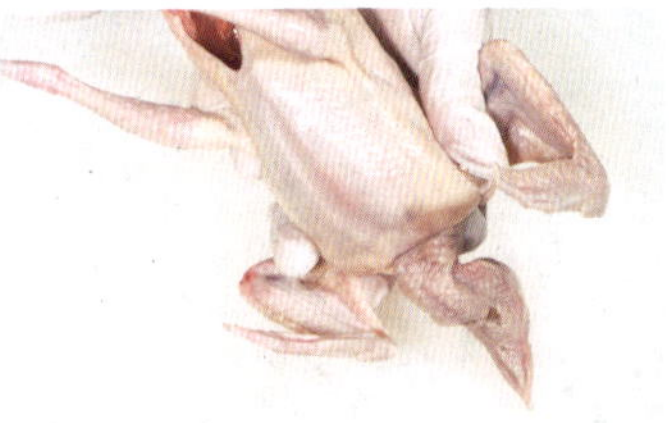
①

②

③

④

⑤

⑥
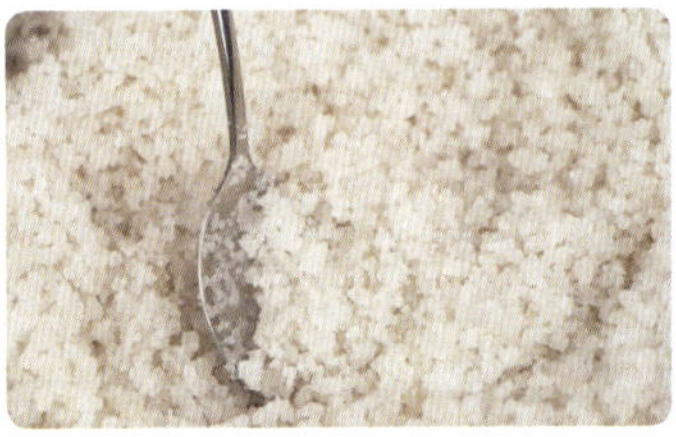
⑦

⑧

⑨

① 乳鸽去除内脏，去除爪子；洗净沥干。
② 将鲜沙姜去皮后剁碎。
③ 用姜、葱、生抽，腌制乳鸽 10 分钟。
④ 净锅下油，煎乳鸽，收紧定形。
⑤ 乳鸽放凉后，均匀抹上盐焗鸡粉和沙姜碎。
⑥ 用油纸将乳鸽包好。
⑦ 将粗盐放入沙煲内炒热，铲出 1/3 盐。
⑧ 将乳鸽放入沙煲内，用铲出的盐盖住乳鸽，小火焗 5 分钟，再关火焗 20 分钟。
⑨ 取出乳鸽斩件装盘，点缀成菜。

注意事项

煎好乳鸽后再抹盐焗鸡粉。

26. 甲鱼生炆阳山扇鸡

操作视频

准备材料

主料： 甲鱼 750g（净料 300g）、扇鸡 750g（净料 300g）
辅料： 火腩 100g、冬菇 50g、蒜 50g、姜 30g、干葱头 20g、葱 30g
调料： 盐 5g、鸡粉 10g、生粉 15g、料酒 10g、煲仔酱 20g、生抽 5g、老抽 3g、白糖 3g、胡椒粉 2g、麻油 2g

制作步骤

①

②
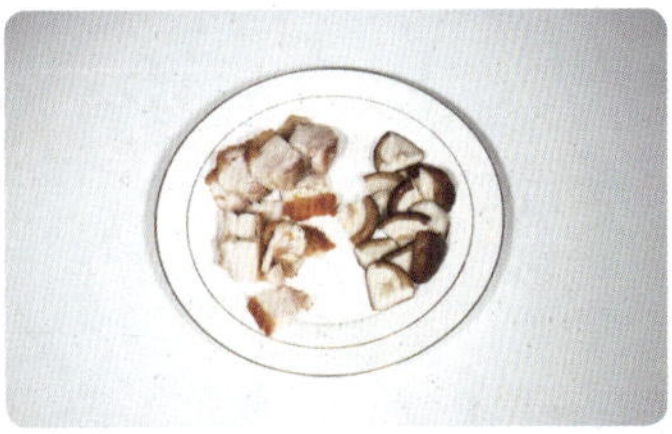
③

④

⑤

⑥

⑦

⑧

⑨

① 甲鱼杀好后去除外衣，洗干净后斩小块。
② 将扇鸡斩成与甲鱼相同大小的块。
③ 火腩切小块，冬菇切厚片备用。
④ 鸡块用盐、鸡粉、白糖、生粉调味，搅拌均匀，将鸡块腌制至入味。
⑤ 净锅热油，将甲鱼油炸至熟，然后捞起沥干油；下扇鸡，油炸至熟，然后捞起沥干油。
⑥ 净锅热油，下姜、蒜、干葱头，爆炒出香味；下冬菇、火腩，爆香。
⑦ 加入甲鱼和鸡块，下料酒，爆炒出香味。
⑧ 下入清水煮至沸腾，下煲仔酱、生抽、老抽、白糖、胡椒粉、麻油调味，焖煮至成熟。
⑨ 下生粉水勾芡，下入葱，淋包尾油，盛起，点缀成菜。

注意事项

1. 斩杀甲鱼时要去除甲鱼体内的肥油，没有去除干净将会影响整道菜的口味。
2. 甲鱼杀好后用 70℃的热水浸泡，方便去除外衣。

27. 蒜子火腩焗大鳝

操作视频

准备材料

主料： 白鳝 600g（净料 400g）、火腩 100g（净料 75g）
辅料： 香菇 50g、蒜 50g、姜 40g、葱 50g
调料： 盐 4g、鸡粉 4g、白糖 3g、蚝油 10g、老抽 3g、胡椒粉 2g、麻油 2g、料酒 10g

制作步骤

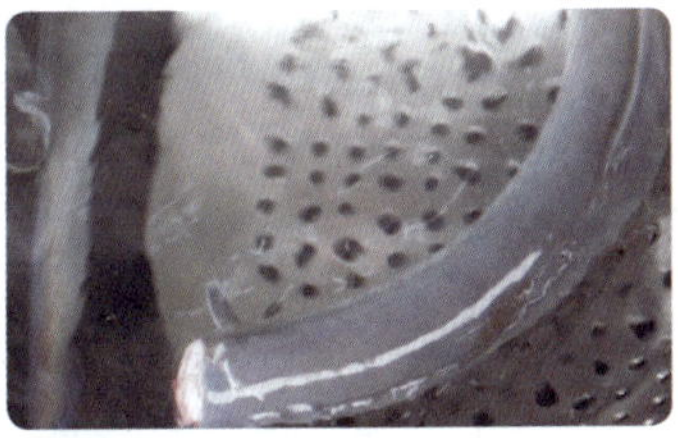
①

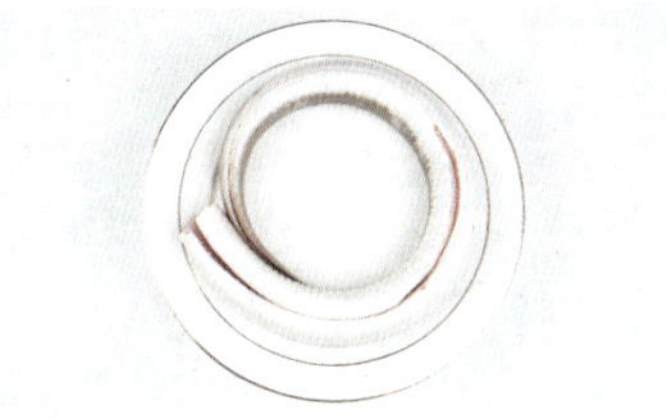
②

③

④

⑤

⑥

⑦

⑧

⑨

① 白鳝宰杀放血，用 65℃热水烫外皮，刮净黏液。
② 取净鱼鳃，切开腹部，取净内脏。
③ 将白鳝切 1.2cm 厚片，火腩切小块。
④ 热锅下油烧至 120℃，下鳝片、火腩拉油至 8 成熟。
⑤ 热锅下油烧至 120℃，下姜、蒜、香菇爆香。
⑥ 下火腩、鳝片，用蚝油、老抽、盐、鸡粉、白糖、胡椒粉、麻油、料酒调汁，搅拌均匀并倒入锅中，翻炒至熟。
⑦ 盖上锅盖，焗熟至入味收汁，撒葱段。
⑧ 勾薄芡，淋包尾油。
⑨ 装盘成菜。

注意事项

1. 宰杀白鳝时，需将血放干净，使鳝肉洁白。
2. 焗制时要加盖，使白鳝均匀熟透。

28. 甜豆百合炒澳带

操作视频

准备材料

主料：澳带肉 200g（净料 150g）
辅料：甜豆 200g、鲜百合 100g、胡萝卜 50g、姜 15g、蒜 10g
调料：盐 3g、鸡粉 3g、白糖 2g、生粉 10g

制作步骤

①

②

③

④

⑤

⑥

⑦

⑧

⑨

① 甜豆撕去根丝，鲜百合拨开瓣叶，洗净泥沙。
② 胡萝卜改刀切成料头花，澳带肉切成两片。
③ 澳带片中加入盐、鸡粉、生粉，搅拌均匀腌制。
④ 净锅烧水，甜豆、百合焯水断生。
⑤ 净锅烧油至 100℃，澳带片拉油至熟。
⑥ 热锅下油，下姜片、蒜蓉、胡萝卜爆香。
⑦ 放入甜豆、百合、澳带，下盐、鸡粉、白糖翻炒。
⑧ 勾芡，淋包尾油。
⑨ 出锅，装盘。

注意事项

1. 腌制好的澳带要放在冰箱中。
2. 炒制时，油不宜过多。

29. 豉油糖炆鸡中翅

操作视频

准备材料

主料：鸡中翅 400g
辅料：洋葱 40g、姜 30g、蒜 20g
调料：生抽 6 克、老抽 2 克、盐 2g、白糖 3g、料酒 6g

制作步骤

①

②

③

④

⑤

⑥

① 鸡中翅洗净，沥干水分。
② 鸡翅表面剞花刀。
③ 加入生抽、白糖、生粉腌制。
④ 热锅下油，下鸡翅，小火炸至金黄。
⑤ 热锅下油，下姜、洋葱、蒜米爆香，下鸡翅，洒料酒，下生抽、老抽、盐、白糖、水，焖 10 分钟至软滑入味，勾芡，淋油。
⑥ 出锅，装碟。

注意事项

1. 注意炸鸡中翅的火候。
2. 用小火焖至入味收汁。

30. 紫苏田螺炊鸡

准备材料

主料： 光鸡 300g、田螺 500g
辅料： 紫苏叶 100g、姜 20g、蒜 15g、青尖椒 20g、红尖椒 20g
调料： 豆豉 10g、海鲜酱 30g、生抽 6g、盐 4g、料酒 10g、生粉 10g

制作步骤

①

②

③

④

⑤

⑥

⑦

⑧

⑨

① 紫苏叶切丝，青、红尖椒切小片。
② 田螺斩去螺尾，光鸡斩小块。
③ 鸡块中加入盐、生粉调味，拌匀腌制。
④ 净锅烧水，将田螺焯水断生。
⑤ 净锅烧油，油温至 120℃，下鸡块过油至 5 成熟。
⑥ 热锅下油，下姜片、蒜蓉、青红椒、豆豉爆香。
⑦ 下田螺、鸡块，洒入料酒，下海鲜酱、生抽、盐调味，拌匀。
⑧ 加汤水，中火炆至入味，收汁。
⑨ 加入紫苏叶丝，勾芡出锅，装入烧热后的煲仔，成菜。

注意事项

1. 鸡块过油的程度要掌握好。
2. 炆制火候要合适，使鸡块、田螺充分入味、收汁。

31. 脆皮多春鱼

操作视频

准备材料

主料：多春鱼 300g
辅料：姜 5g、蒜 10g、葱 20g、红椒 20g
调料：七味盐 5g、盐 5g、糖 3g、味粉 3g、料酒 30g、脆炸粉 50g

制作步骤

①

②

③

④

⑤

⑥

① 姜切丝、葱切小段。
② 多春鱼去鱼鳃、内脏，清洗干净。
③ 加入姜丝、葱段、料酒、盐、糖、味粉，腌制 30 分钟至入味。
④ 空碗倒入脆炸粉、盐，加入适量水，搅拌至糊状，加入少许油调匀；将调制好的炸浆倒入鱼中，搅拌，使鱼都裹上炸浆。
⑤ 净锅烧油至 140℃，下多春鱼小火炸至外酥脆、里面熟透，捞起沥干。
⑥ 起锅烧油，放入蒜、红椒爆香，将多春鱼放入，边撒七味盐边翻炒均匀，然后装碟撒上葱花，即可成菜。

注意事项

1. 多春鱼不要切开鱼肚，否则鱼子会漏出，在鱼鳃处取内脏。
2. 脆浆要均匀，不要有粉粒。

32. 潮式银杏白鳝

操作视频

准备材料

主料： 白鳝 400g

辅料： 潮州咸菜 100g、银杏果 100g、香芹 50g、青尖椒 20g、红尖椒 20g、姜 10g、腐竹 30g

调料： 鱼露 20g、盐 4g、鸡粉 4g、胡椒粒 10g

制作步骤

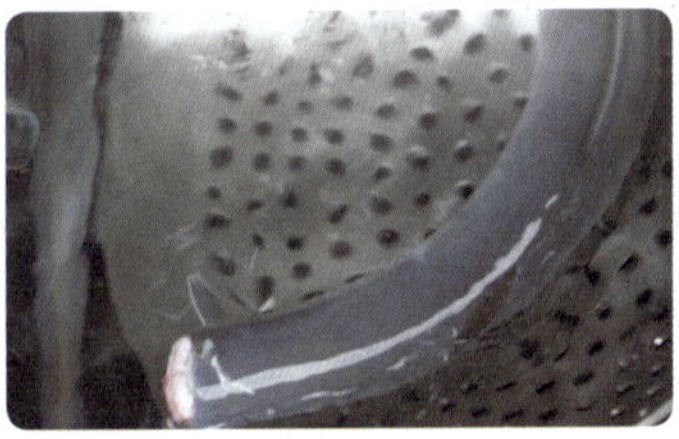

①

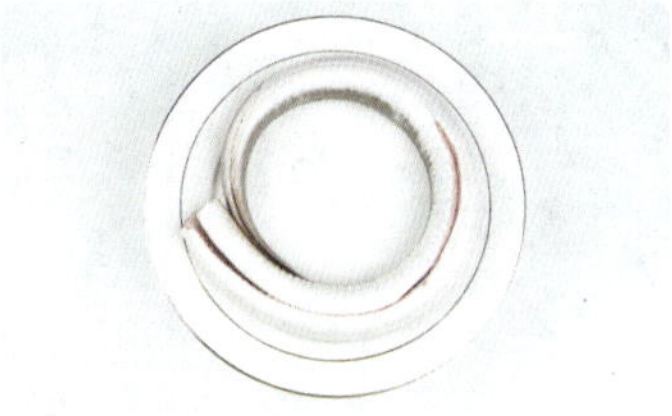

②

③

④

⑤

⑥

⑦

⑧

⑨

① 白鳝宰杀放血，用 65℃的热水烫外皮，刮净黏液。

② 去除鱼鳃，切开腹部，去除内脏后待用。

③ 将白鳝切成 1.2cm 厚金钱片。

④ 潮州咸菜切小片，香芹切小段，青、红尖椒切小片。

⑤ 银杏果飞水至熟。

⑥ 净锅烧水，将鳝片放入浸熟。

⑦ 净锅下入高汤，下姜片、银杏果、潮州咸菜、鳝片、胡椒粒、香芹。

⑧ 下鱼露、盐、鸡粉调味，下青、红尖椒，放入腐竹，小火煮透入味。

⑨ 出锅装入钵仔里，淋上汤汁，摆盘成菜。

注意事项

1. 白鳝要彻底放血，使鳝肉洁白。

2. 煮制时间不宜过长，以避免影响鳝片的口感。

33. 香芋焖鸭

操作视频

准备材料

主料：光鸭 600g、香芋 750g
辅料：姜 30g、红葱头 30g、蒜 30g、青蒜 50g、红椒 50g、香菇 30g
调料：海鲜酱 30g、柱侯酱 30g、南乳 20g、盐 5g、蚝油 10g、鸡粉 4g、白糖 3g、料酒 10g

制作步骤

①

②

③

④

⑤

⑥

① 香芋洗净，切小方块，红椒切菱形片，青蒜切段。
② 光鸭去内脏，洗净后斩小块。
③ 鸭块加入盐、鸡粉、蚝油、料酒拌均匀；将海鲜酱、柱侯酱、南乳、蚝油调汁，搅拌均匀。
④ 净锅烧油至 140℃，下香芋块炸至外表酥脆；净锅热油，下鸭块过油处理，然后捞起。
⑤ 净锅热油，下蒜、姜、红葱头、香菇，炸出香味，然后捞出；青蒜、红椒过油后捞出；起锅烧油，下姜、蒜、红葱头、香菇、鸭块、料酒，倒入调好的酱汁，搅拌均匀，加适量的水，下盐、白糖、鸡粉调味，下香芋；加盖子焖煮 20 分钟至软滑入味，然后下青蒜、红椒，淋油，翻炒均匀即可。
⑥ 出锅装入煲仔里，加入青蒜，点缀成菜。

注意事项

1. 斩鸭块、香芋块时注意大小均匀。
2. 调酱料时要把控分量，不宜太浓。

34. 蚝油生焗走地鸡

操作视频

准备材料

主料：光鸡 400g
辅料：红葱头 40g、姜 20g、蒜 20g、葱 40g、冬菇 10g
调料：盐 3g、鸡粉 3g、白糖 2g、料酒 5g、蚝油 10g、生抽 3g、老抽 3g

制作步骤

①

②

③

④

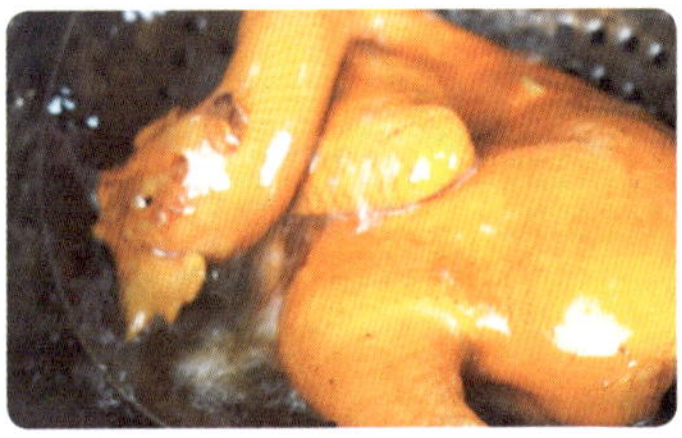
⑤

⑥

⑦

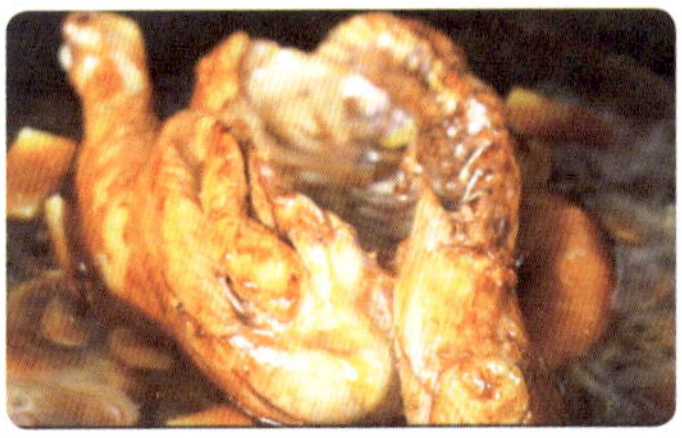
⑧

⑨

① 光鸡去除内脏后洗净。
② 红葱头切小件，蒜子改刀成片。
③ 葱切小段。
④ 冬菇提前泡发，然后爆香。
⑤ 光鸡焯水，捞出沥干水分，然后用老抽上色；用 150℃油温将其炸至上色。
⑥ 净锅烧油，放入炸好的红葱头、姜、蒜，放入葱翻炒。
⑦ 放入水、生抽、料酒、蚝油、老抽、盐、白糖、鸡粉调味。
⑧ 将鸡、冬菇、蒜放入锅中，盖上锅盖，焗约 12 分钟至熟。
⑨ 将鸡和原汁取出待用，鸡斩件，摆盘，淋原汁，成菜。

注意事项

1. 鸡块要大小均匀。
2. 煎制时不能过火，否则会影响口感。

35. 猪展胡萝卜煲双雪

操作视频

准备材料

主料：猪展肉 400g、排骨 300g
辅料：胡萝卜 100g、雪梨 300g、雪耳 50g、生姜 30g、蜜枣 4 粒
调料：盐 5g、鸡粉 5g

制作步骤

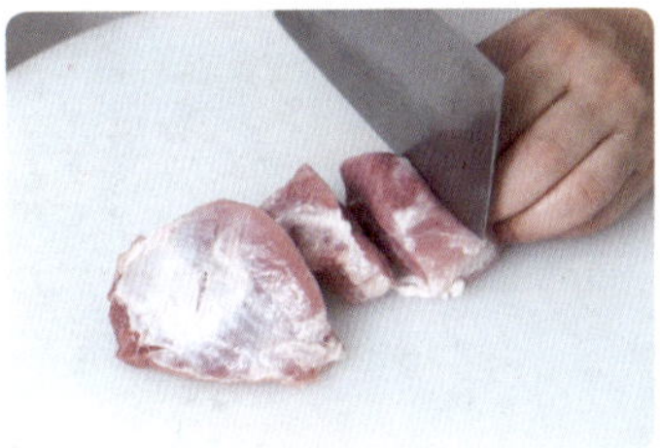
①

②

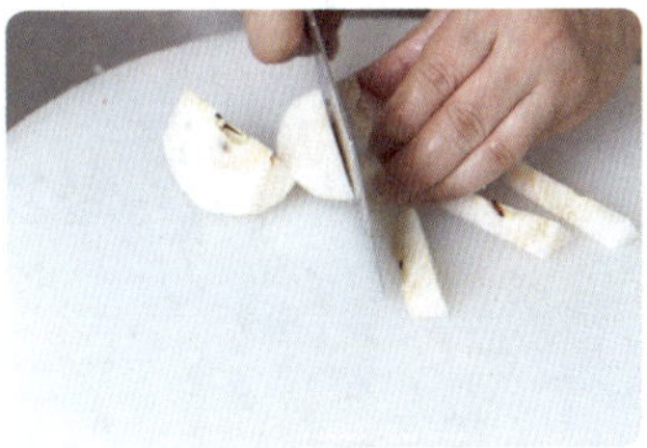
③

④

⑤

⑥

① 猪展肉洗净切块，排骨洗净砍件，焯水去腥。
② 雪耳用温水泡发后撕成小朵。
③ 雪梨洗净去皮去核切块，胡萝卜去皮滚刀切块。
④ 把猪展肉、排骨、蜜枣、生姜放入锅中，加入适量清水。
⑤ 加入胡萝卜、雪梨、雪耳煲 1 小时，加入适量盐、鸡粉调味即可。
⑥ 出锅，成菜。

注意事项

1. 煲的时间要够。
2. 控制好水和原材料的比例和分量。

36. 白果支竹猪肚煲

操作视频

准备材料

主料： 猪肚 400g、白果肉 100g、干支竹 100g
辅料： 香芹 50g、青尖椒 30g、红尖椒 30g、蒜 15g
调料： 胡椒粒 10g、鱼露 10g、盐 3g

制作步骤

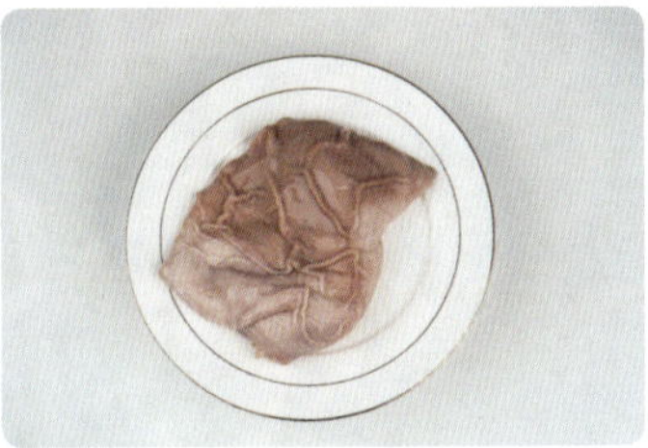

①

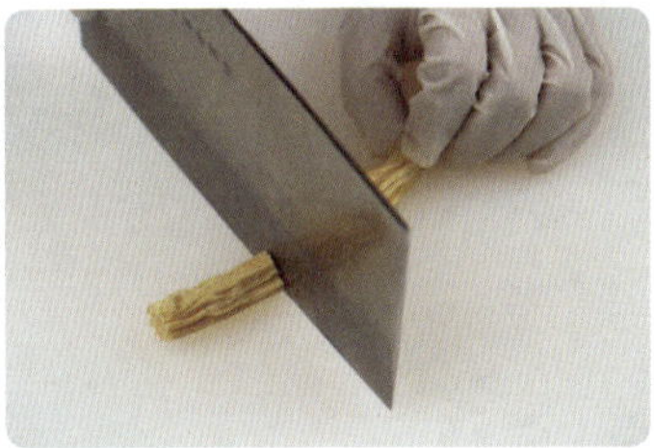

②

③

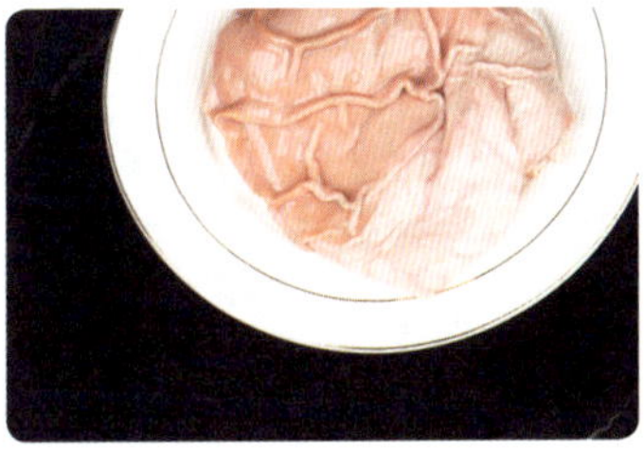

④

⑤

⑥

① 猪肚用盐抓洗干净。
② 干支竹蒸软后切小段。
③ 香芹切小段，青尖椒、红尖椒切小片，蒜切片。
④ 猪肚用水煮 30 分钟至熟过冷，切日字形小片。
⑤ 白果肉用水煮 30 分钟至熟。
⑥ 净锅加入汤水，下猪肚、支竹、白果肉、蒜、香芹、尖椒片等，调入胡椒粒、鱼露、盐，小火煮软滑入味，出锅装入煲仔。

注意事项

1. 猪肚要清洗干净，否则会有异味。
2. 煮制时要用小火，煮至原料软滑入味。

37. 暖胃羊肉煲

操作视频

准备材料

主料： 带骨羊肉 600g
辅料： 黄芪 15g、党参 20g、沙参 30g、玉竹 20g、红枣 20g、姜 20g、枸杞 20g、龙眼干 20g
调料： 盐 5g、鸡粉 4g

制作步骤

①

②

③

④

⑤

⑥

① 各种药材洗净备用。
② 羊肉斩成 2.5cm 小块。
③ 将羊肉冷水下锅，焯水至熟，捞起沥干水分备用。
④ 将羊肉放入汤煲，加入辅料及适量的水。
⑤ 用中小火煲约 1.5 小时至汤味浓郁、羊肉软烂。
⑥ 调味出锅，装入汤煲即可。

注意事项

1. 羊肉要焯水处理。
2. 各种辅料的分量要适中。

38. 鱼汤浸什菌鱼腐

操作视频

准备材料

主料： 鱼腐 200g、杏鲍菇 100g、茶树菇 100g、丝瓜 50g、胡萝卜 50g
辅料： 鱼骨 400g、香芹 50g、姜 20g
调料： 鱼露 8g、盐 2g、鸡粉 3g、米酒 10g

制作步骤

①

②

③

④

⑤

⑥

① 鱼骨斩成 5cm 小块，杏鲍菇切小条，茶树菇切小段，丝瓜去心切小段，香芹切小段。
② 热锅下油，下鱼骨煎香，下姜，洒米酒，加热水煮成浓白鱼汤。
③ 净锅烧水，分别下鱼腐、什菌焯水，捞起过凉水，沥干水分。
④ 鱼浓汤用密漏滤去鱼骨，取用净鱼汤。
⑤ 净锅热油，下鱼汤、盐、鸡粉、鱼露调味，下什菌、胡萝卜、鱼腐、丝瓜、香芹，用小火煮至软滑入味。
⑥ 出锅装盘。

注意事项

1. 鱼骨要先煎香。
2. 鱼汤要煮至浓白。
3. 小火慢煮鱼腐、什菌，使其软滑入味。

39. 烧汁香煎莲藕夹

操作视频

准备材料

主料： 五花肉 200g、莲藕 400g
辅料： 姜 20g、蒜 20g、小葱 40g
调料： 日本烧汁 10g、生抽 6g、叉烧酱 6g、盐 2g、白糖 4g、生粉 10g

制作步骤

①

②

③

④

⑤

⑥

⑦

⑧

⑨

① 莲藕削皮后切夹刀片；姜切小粒，蒜剁蒜蓉，葱切葱花。
② 五花肉剁成肉碎。
③ 肉碎调盐、生粉，搅拌成馅料。
④ 莲藕片撒上生粉，将馅料酿入莲藕夹片。
⑤ 用日本烧汁、生抽、叉烧酱、白糖调制烧汁。
⑥ 热锅下油，下莲藕夹，小火煎至金黄。
⑦ 捞起沥干油分。
⑧ 热锅下油，下姜粒、蒜蓉爆香，下莲藕夹，调烧汁，焖入味，收汁，勾芡，淋包尾油。
⑨ 出锅装碟，撒上葱花即可。

注意事项

1. 莲藕夹要紧密平滑。
2. 煎制时要注意火力控制，避免煎煳。

40. 大豆芽韭菜炒腊味虾干

准备材料

主料： 虾干 100g、腊肠 50g、大豆芽菜 200g、韭菜 150g
辅料： 姜 20g、蒜 20g、红尖椒 30g
调料： 盐 3g、糖 2g、鸡粉 3g

制作步骤

①

②

③

④

⑤

⑥

⑦

⑧

⑨

① 虾干用水稍浸泡，洗净待用；腊肠蒸熟备用。
② 大豆芽菜摘头去尾，切成小段。
③ 韭菜切小段，红尖椒切粗丝段，姜切丝，腊肠切片。
④ 净锅烧油，下虾干拉油。
⑤ 净锅热油，下大豆芽菜煸炒至熟，下韭菜煸炒至 7 成熟。
⑥ 净锅热油，下盐、糖、鸡粉、姜、红尖椒、蒜爆香。
⑦ 下虾干、腊肠、大豆芽菜、韭菜翻炒。
⑧ 淋包尾油。
⑨ 装盘成菜。

注意事项

1. 大豆芽菜、韭菜应煸炒，不要焯水。
2. 腊肠不要过油，以免流失香味。

41. 荷芹炒烧肉

操作视频

准备材料

主料： 烧肉 200g
辅料： 荷兰豆 150g、西芹 150g、红椒 10g、姜 3g、蒜 3g、葱 3g、胡萝卜 10g
调料： 盐 3g、白糖 5g、鸡粉 5g、蚝油 2g、生抽 2g、生粉 10g

制作步骤

①

②

③

④

⑤

⑥

⑦

⑧

⑨

① 将烧肉切厚片，西芹切斜刀段，荷兰豆去丝后切整齐。
② 备姜片、蒜片、葱段、红椒角。
③ 起锅滑油，将烧肉片下锅，小火慢煎，中途翻面继续煎，煎至两面金黄，下生抽，煎至焦香备用。
④ 烧水，下入盐、白糖、鸡粉、油，调汤，将西芹、荷兰豆、红椒焯水至熟，捞出。
⑤ 净锅热油，爆香姜、葱、蒜、胡萝卜，下红椒、西芹、荷兰豆、烧肉翻炒。
⑥ 下蚝油、鸡粉、白糖、盐调味。
⑦ 下生粉水勾芡。
⑧ 锅边倒入生抽，大火翻炒，炒香。
⑨ 淋入包尾油，盛菜装盘。

注意事项

1. 烧肉最好煎香，不要过油。
2. 荷兰豆和西芹焯水时间不宜过长，保持其脆嫩口感。

42. 金钱片枣茸蒸鲟龙

操作视频

准备材料

主料： 鲟龙鱼（养殖）600g
辅料： 无核红枣 50g、冬菇 10g、葱 10g、红椒 20g
调料： 盐 3g、白糖 5g、鸡粉 5g、蚝油 2g、料酒 10g、生粉 10g

制作步骤

①

②

③

④

⑤

⑥

① 将鲟龙鱼宰杀清洗，切金钱片。
② 红枣洗净切粒，冬菇切丝。
③ 鲟龙鱼片中下入蚝油、盐、白糖、鸡粉、生粉、料酒调味，抓拌均匀，腌制至入味。
④ 将腌制好的鱼片摆在盘中，将红枣、冬菇均匀地撒在鱼片上。
⑤ 起锅烧水，待水烧开有蒸气时，将鱼片上锅蒸熟。
⑥ 将多余的水分倒出，撒上葱花、红椒，淋上热油即可。

注意事项

1. 可以先用热水烫去鲟鱼表面的黏液，再慢慢处理鳞片。
2. 蒸制时要控制好火候。

43. 传统走油田鸡

操作视频

准备材料

主料： 田鸡 500g
辅料： 姜 10g、蒜 10g、葱 10g、胡萝卜 10g、菜心 200g
调料： 盐 5g、白糖 5g、鸡粉 5g、生粉 10g、料酒 10g

制作步骤

①

②

③

④

⑤

⑥

⑦

⑧

⑨

① 将田鸡杀好、切块，洗净、吸水备用。
② 备姜片、蒜片、葱段、胡萝卜、菜心。
③ 田鸡中加入盐、鸡粉、生粉、白糖、料酒，腌制备用。
④ 净锅起油，下菜心，勾芡后捞出。
⑤ 起锅烧油至 120℃，将田鸡过油至熟倒出。
⑥ 起锅下油，下香葱、姜、蒜爆香。
⑦ 将田鸡、胡萝卜下入锅中。
⑧ 下盐、白糖、鸡粉，下生粉水勾芡。
⑨ 淋包尾油，装盘，边上围菜心即可。

注意事项

1. 田鸡要去除脊骨和脚骨。
2. 过油时控制好油温和时间。

44. 碧绿爆炒肚片

准备材料

主料： 鲜猪肚 300g

辅料： 西蓝花 300g、胡萝卜 20g、姜 10g、蒜 10g、葱 10g、韭黄 20g

调料： 盐 3g、白糖 3g、鸡粉 3g、蚝油 3g、生抽 5g、生粉 6g、白胡椒 20g、料酒 20g

制作步骤

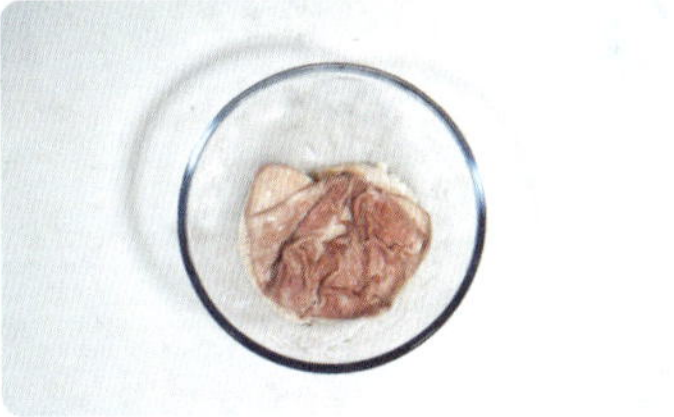

①

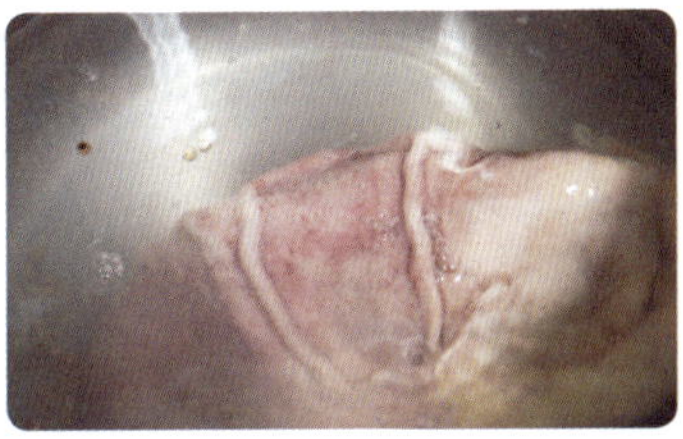

②

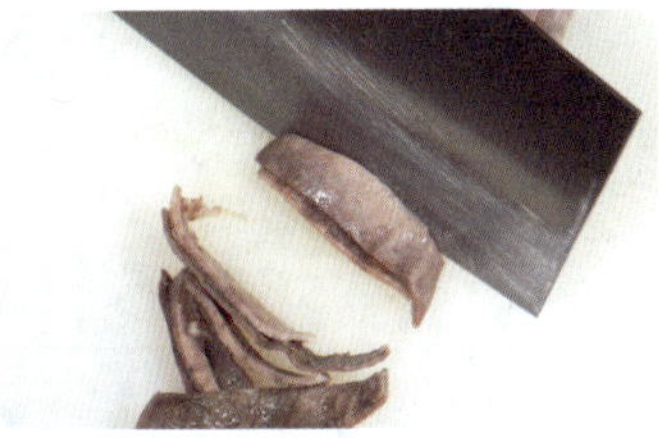

③

④

⑤

⑥

⑦

⑧

⑨

① 猪肚用盐、生粉抓洗后冲洗干净。

② 猪肚加姜、葱、料酒，用水煮 30 分钟至熟，捞出沥干水分。

③ 将猪肚切斜刀片。

④ 西蓝花洗净、切好后焯水备用，备姜片、蒜片、葱段、韭黄段、胡萝卜花片。

⑤ 净锅烧油，用 120℃油温将猪肚片过油，沥干。

⑥ 净锅热油，下西蓝花、盐、水，煸炒至熟，备用。

⑦ 起锅爆香葱、姜、蒜，下猪肚、胡萝卜翻炒，下料酒、盐、蚝油、鸡粉、白胡椒调味。

⑧ 放入韭黄，下生粉水勾芡，锅边淋入生抽增香。

⑨ 翻炒均匀后装盘，装饰成菜。

注意事项

1. 猪肚要清洗干净，否则会有异味。

2. 猪肚要先用小火煮，再切片。

45. 顺德手工鲮鱼面

操作视频

准备材料

主料： 鲮鱼约 500g
辅料： 莴笋 200g、胡萝卜 200g、韭黄 50g、姜 20g、蒜 10g、冬菇 10g、蛋清 10g
调料： 盐 10g、蚝油 10g、生粉 2g

制作步骤

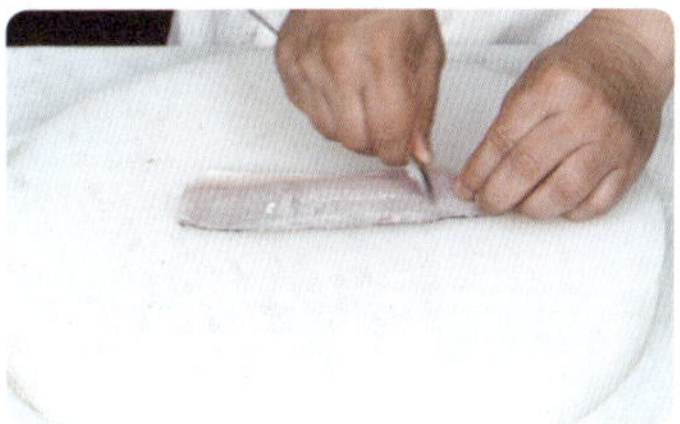

①

②

③

④

⑤

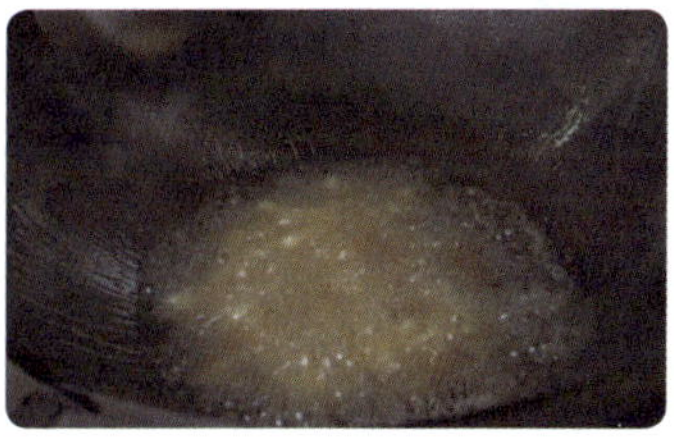

⑥

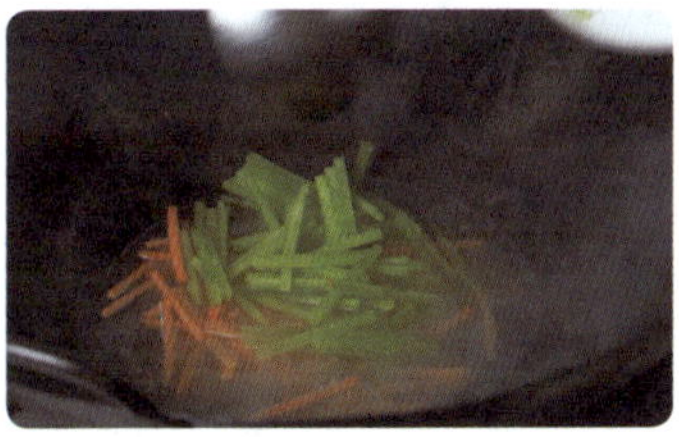

⑦

⑧

⑨

① 将鲮鱼起肉，用勺子将鱼青刮出。
② 用刀剁碎鱼青，放入冰柜，1 小时后取出。
③ 加入蛋清、盐、生粉水，将鱼青打成鱼青胶，将鱼青胶放入裱花袋内。
④ 将鱼青胶挤入 70℃水中，成线条形浸熟，取出后过冷水，切段备用。
⑤ 莴笋、胡萝卜、冬菇洗净切丝，韭黄洗净切段。
⑥ 用 100℃油温将鱼面过油。
⑦ 将莴笋丝、胡萝卜丝飞水至成熟。
⑧ 爆香料头，放入鱼面和莴笋丝、胡萝卜丝、冬菇翻炒，放入蚝油调味，勾芡。
⑨ 加入韭黄翻炒均匀；装盘成菜。

注意事项

1. 刮鱼青时不要刮到鱼红肉。
2. 鱼青入冰柜冻过后再打成鱼青胶。
3. 制作鱼面时要控制好水温。

代表名菜

46. 深井烧鹅

操作视频

准备材料

主料： 黑棕鹅 4000g
调料： 五香盐 50g、生猪酱 50g、皮水 2000g、沙姜干 10g、八角 10g

制作步骤

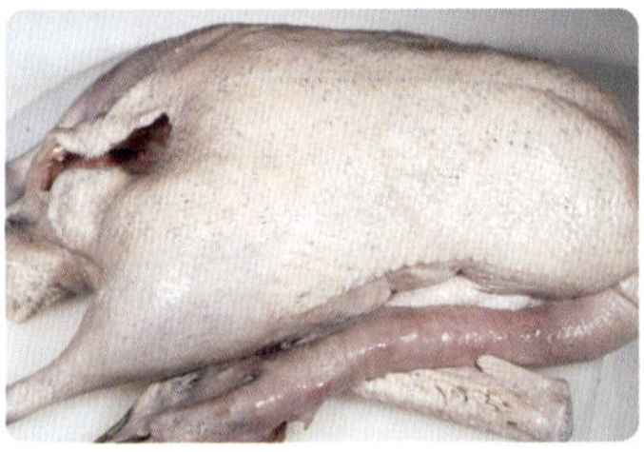
①

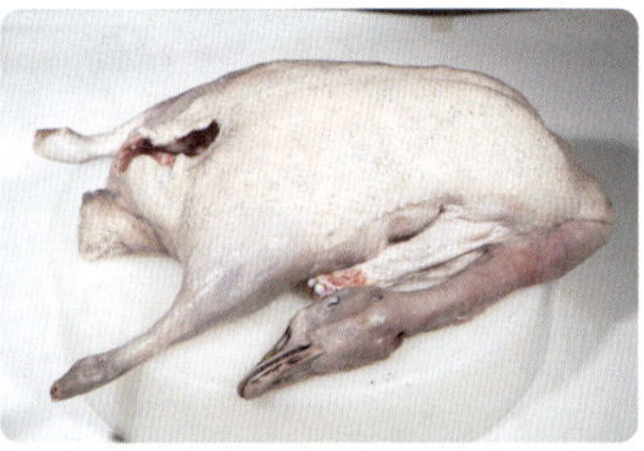
②

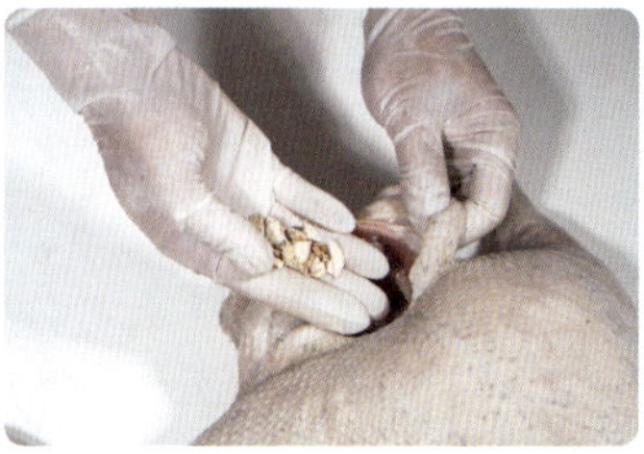
③

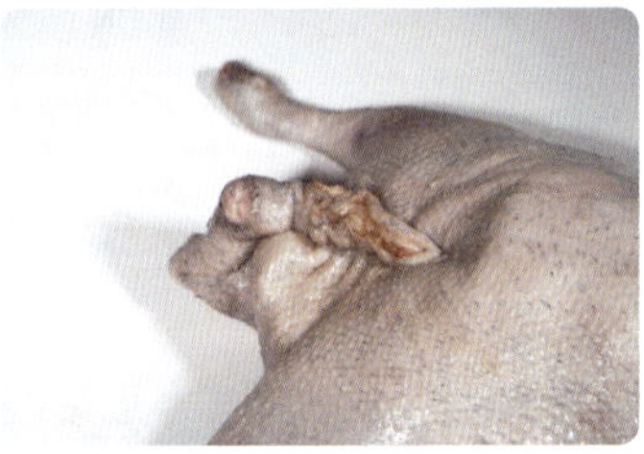
④

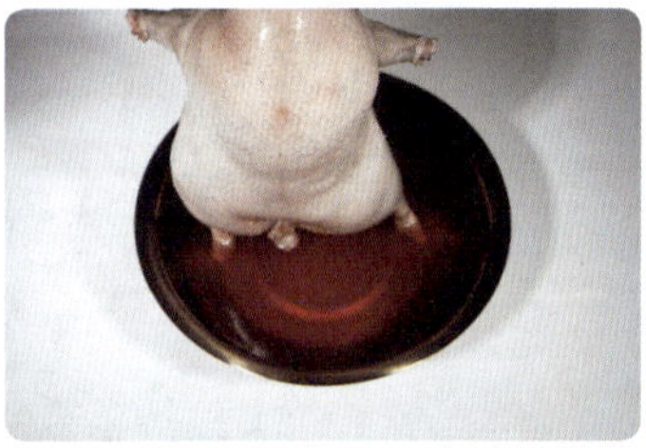
⑤

⑥

① 将光鹅皮毛处理干净，吹气将皮肉分离。
② 斩去鹅掌、鹅翼。
③ 将八角、沙姜干、五香盐、生猪酱放进鹅肚，五香盐和生猪酱涂匀。
④ 用鹅尾针将鹅肚缝好，烧开水把鹅皮全部烫至收紧。
⑤ 把鹅钩起，淋上皮水，用风扇吹 6 小时以上至表皮干硬。
⑥ 把炉烧热，将鹅放入，鹅背向火，用 200℃炉温烤 35 分钟至熟且表皮呈金红色，取出待凉，放出鹅肚汤汁，斩件即可。

附：
烧鹅皮水的制作：麦芽糖 500g、大红浙醋 250g、白醋 150g、食粉 100g，拌匀即可。

注意事项

1. 挑选的黑棕鹅以 8 斤重为最佳。
2. 鹅皮不能有破损及烫坏，不能有淤血。
3. 在打气、开肚、缝针过程中避免表皮破损。

47. 红烧乳鸽

操作视频

准备材料

主料： 乳鸽 350g
调料： 五香盐 30g、皮水 500g

制作步骤

①

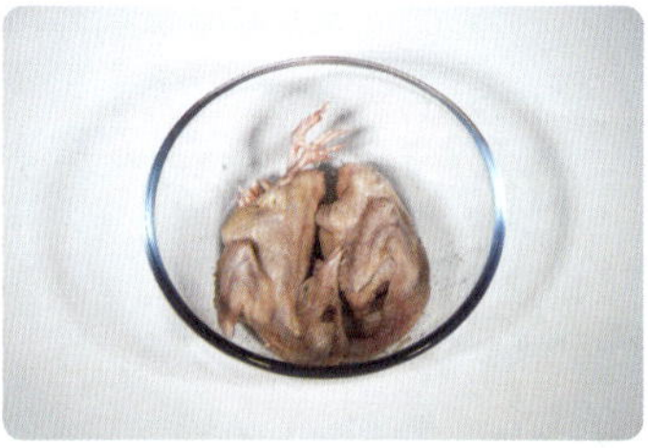

②

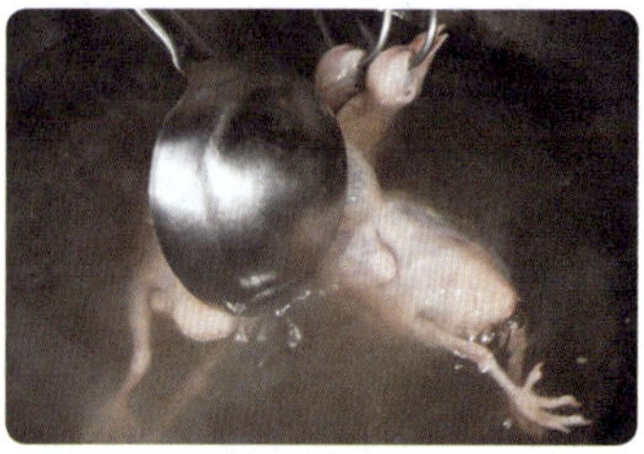

③

④

⑤

⑥

① 将乳鸽皮毛处理干净，开肚、去内脏，清洗干净，沥干水分。
② 用五香盐把乳鸽肚腔和全身擦匀，腌制 3 小时以上至入味。
③ 净锅烧水，把乳鸽钩起烫皮。
④ 上皮水，风吹 6 小时以上至皮干硬。
⑤ 净锅烧油至 120℃，把乳鸽放入油锅滚动浸炸 8 分钟至熟，使乳鸽上色、皮脆。
⑥ 待凉后斩件，造型摆盘即可。

注意事项

1. 乳鸽腌制时间要足够。
2. 风吹乳鸽至表皮干硬。
3. 油温与浸炸时间要掌控好。

48. 化皮乳猪

操作视频

准备材料

主料：乳猪 4000g
辅料：蒜蓉 50g
调料：五香盐 200g、南乳 200g、皮水 1500g

制作步骤

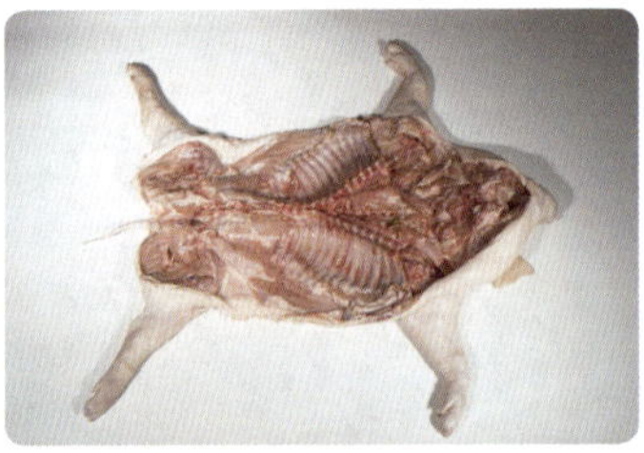
①

②
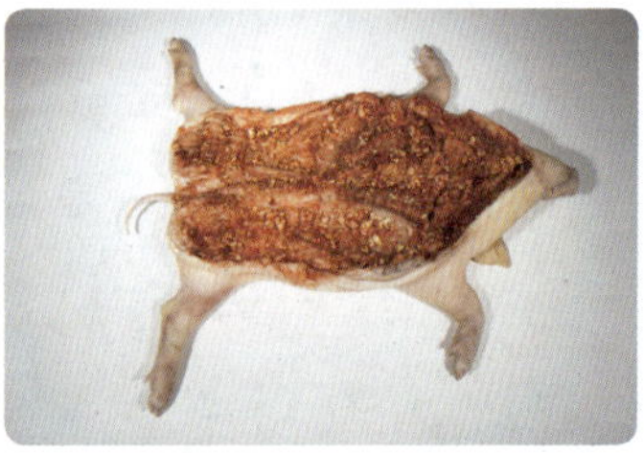
③
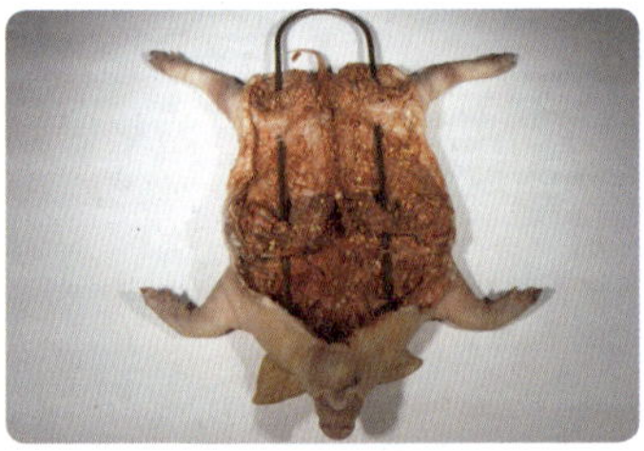
④
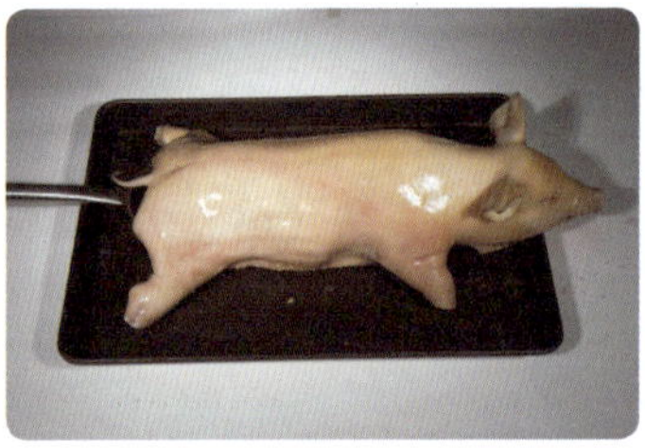
⑤

⑥

① 将乳猪斩开头骨，取出脑浆，取出小部分前排骨、扇骨、筒骨及多余的厚肉，背骨打开。
② 净锅烧水，将乳猪吊起，烫水过冷，沥干水分。
③ 用五香盐、南乳、蒜蓉将乳猪腔内抹匀，腌制 3 小时以上至入味。
④ 上叉定形，洗净外皮，上皮水，吊起，热炉，用 70℃焙烤 1.5 小时至熟，取出待凉。
⑤ 热烤炉，将乳猪架在烤乳猪炉上，转动，烤至猪皮微黄后刷油，继续烤至猪皮爆起，呈金红色。
⑥ 斩件，摆盘造型即可。

注意事项

1. 烤制乳猪需要一定的技巧和经验，尤其是火候的掌握非常关键。
2. 乳猪在烤制过程中会产生大量的油脂，要注意防火。

49. 客家酿豆腐煲

操作视频

准备材料

主料：客家豆腐 750g
辅料：鱼 200g、小虾米 20g、姜 10g、蒜 10g、葱 10g、西蓝花 100g
调料：蚝油 30g、盐 10g、糖 20g、鸡粉 12g、花雕酒 15g、老抽 15g、生粉 50g

制作步骤

①

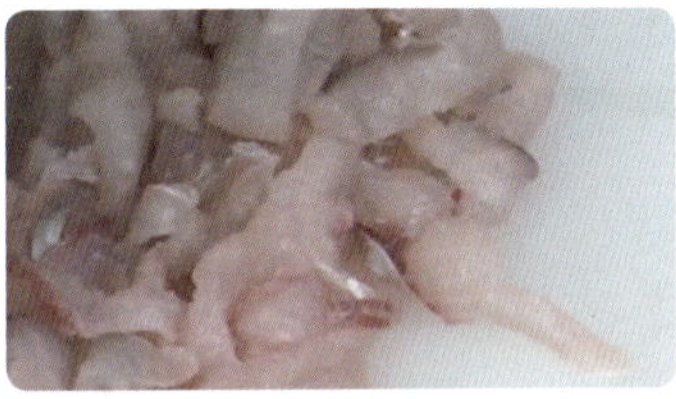
②

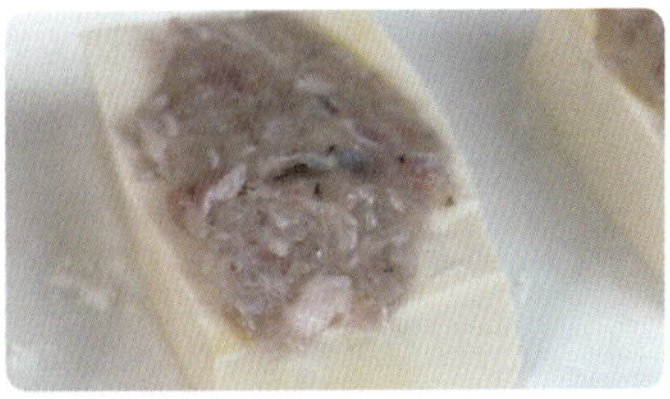
③

④

⑤

⑥

⑦

⑧

⑨

① 豆腐切长方形块，并在中间挖洞。
② 鱼剔骨，取鱼肉，剁成鱼蓉并摔打。
③ 在鱼蓉中倒入小虾米，搅拌均匀，将馅料放入豆腐中。
④ 起锅烧油，下豆腐，小火慢煎，煎至两面金黄。
⑤ 西蓝花切块，下调料，焯水至熟。
⑥ 净锅热油，下葱、姜、蒜爆香，下花雕酒、水、盐、糖、鸡粉、蚝油调味，下豆腐，中火炆 6 分钟至入味、入色，取出豆腐。
⑦ 锅中汤汁加入老抽调色，勾芡。
⑧ 将豆腐、西蓝花装盘。
⑨ 淋汁，成菜。

注意事项

在猪肉馅料中加入鱼肉，会更加鲜香。

50. 东江盐焗鸡

广东东江地区靠海，有天然食材。几百年前，这个地区的盐场很多，盐工们发现一种很方便的做鸡方法，就是将已经煮熟的鸡用砂纸包好，埋进盐堆里，过一段时间将鸡挖出，这样制作出来的鸡肉特别鲜美。后来东江地区的盐业越来越发达，常有商人出入，餐饮业也不断发展，于是当地的饭店就以盐焗鸡作为特色菜招待客人。

操作视频

准备材料

主料： 光鸡 1750g
辅料： 甘草 25g、干沙姜 25g、香叶 10g、桂皮 25g、草果 25g、八角 25g、豆蔻 20g、果皮 20g
调料： 盐焗鸡粉 60g、麦芽酚 30g、粗盐 250g

制作步骤

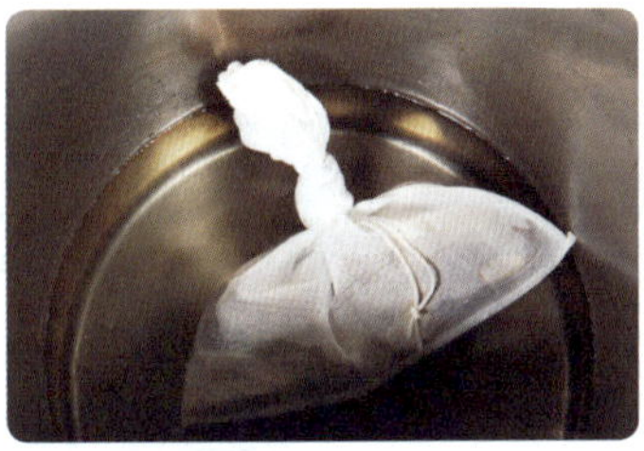
①

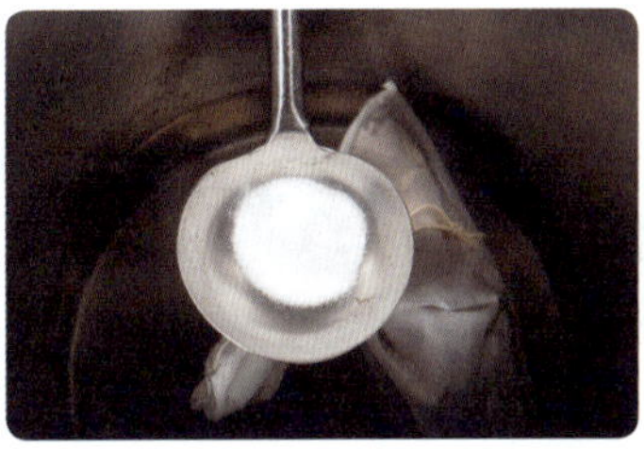
②

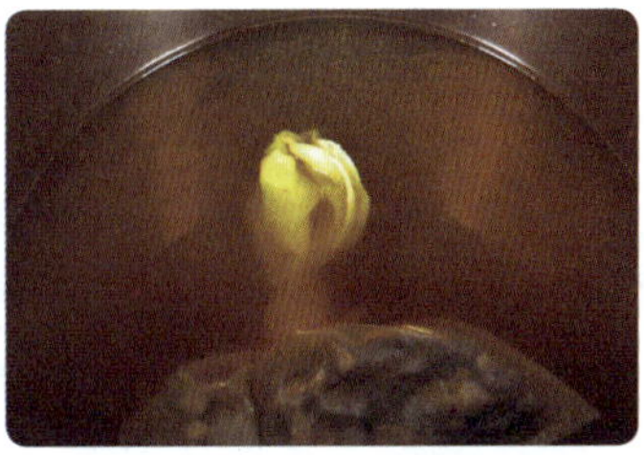
③

④

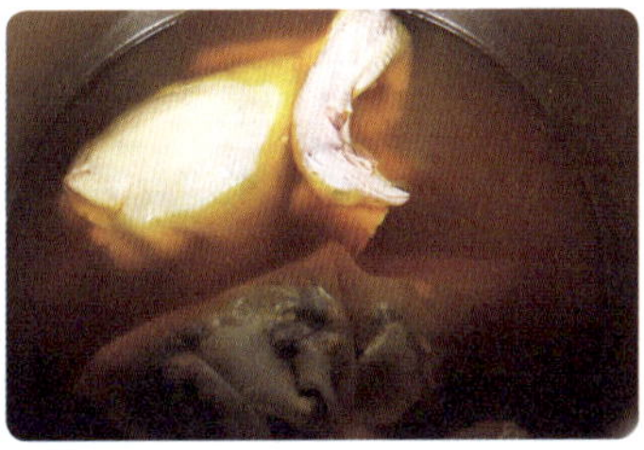
⑤

⑥

① 净锅烧水，将辅料放进药包，放进锅中小火煮 20 分钟至出味。
② 加入盐、盐焗鸡粉、麦芽酚调味。
③ 将调制好的盐焗鸡味水烧开，备用。
④ 将光鸡处理干净，并用盐将光鸡全身擦匀，腌制 2 小时以上至入味。
⑤ 将光鸡放入盐焗鸡味水中，三泡三拉后，浸 50 分钟至熟，取出放至干爽。
⑥ 粗盐入锅炒热，用油纸包好鸡，埋入粗盐中焗 20 分钟至入味，取出摆盘。

注意事项

1. 盐焗鸡味水可以煮开后保存备用。
2. 味与色不够时，辅料及调料可适当加量。

51. 广州文昌鸡

传说清朝时海南地区有一人在江浙地区做官，某年春节他回家探亲，到文昌潭牛镇天赐村拜访老朋友。这位朋友用正宗的文昌鸡款待他，他品尝后赞不绝口，临走时朋友挑了几只文昌鸡让其带回江浙地区，款待亲朋好友，文昌鸡从此出名。

后来广州酒家的名厨前往海南文昌考察，发现文昌鸡肉质肥美，但鸡骨过硬，食用不便，于是经过研制改良，将鸡去骨斩件，拼以金华火腿、鸡肝等，经煮、蒸、炒而成独具特色的“广州文昌鸡”。

操作视频

准备材料

主料： 光鸡 780g、鸡肝 200g、火腿 50g
辅料： 菜心 500g、姜 40g、葱 40g
调料： 盐 10g、鸡粉 3g、白糖 2g、生粉 5g

制作步骤

①
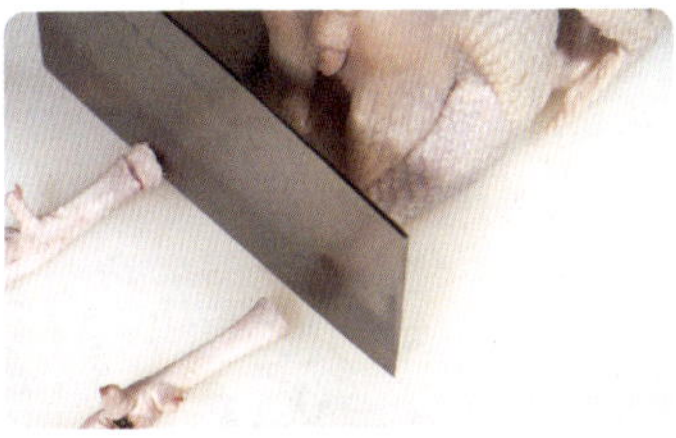
②
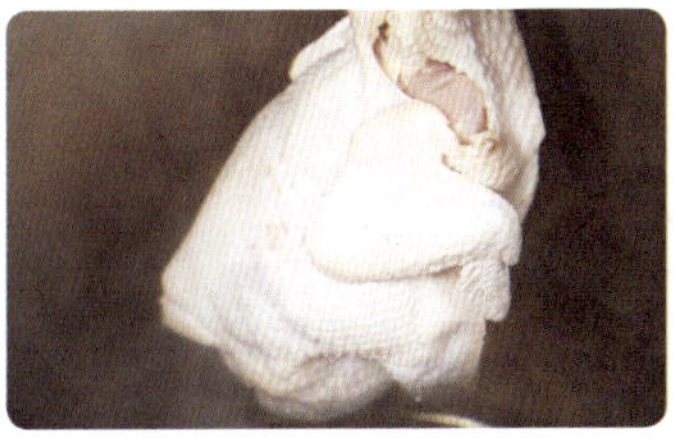
③
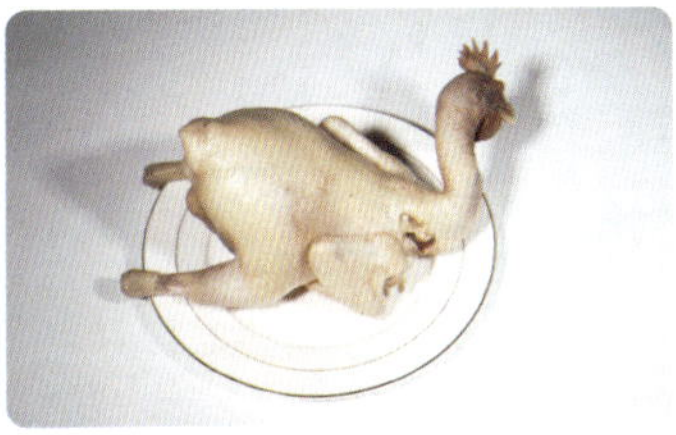
④
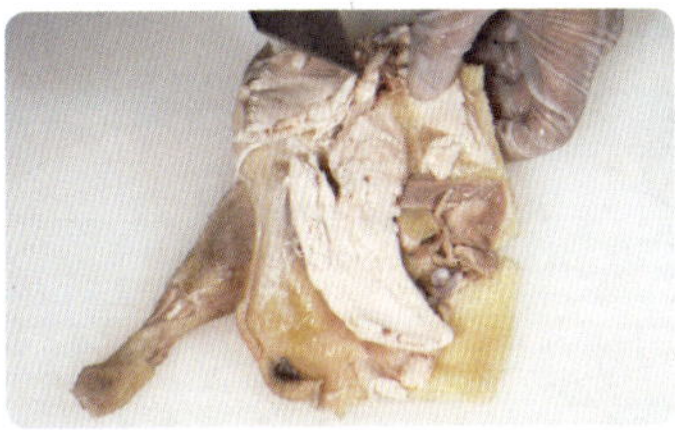
⑤
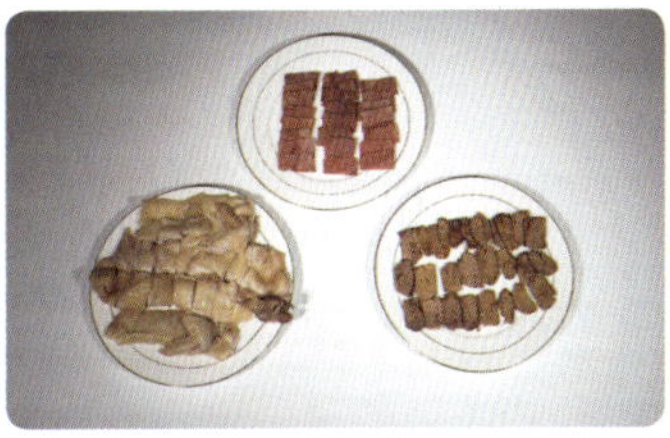
⑥
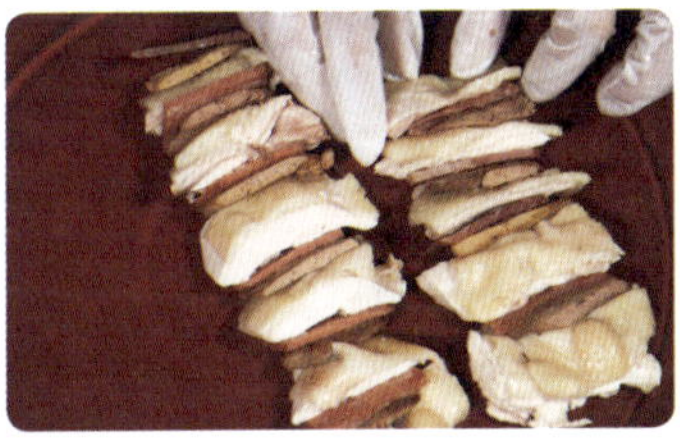
⑦

⑧

⑨

① 菜心切成长段。
② 光鸡斩去鸡脚，鸡肝洗净待用。
③ 将光鸡、鸡肝放入沸水锅中，加入姜、葱、盐，小火浸约 20 分钟至熟。
④ 捞起鸡肝、光鸡，放凉备用。
⑤ 将整鸡拆肉去骨，取净肉，留鸡头、鸡翼、鸡尾。
⑥ 将鸡肉、鸡肝、火腿切成日字形小件。
⑦ 将鸡肉、鸡肝、火腿整齐排放在盘里，摆上鸡头、鸡翼、鸡尾。
⑧ 菜心放入沸水焯熟，摆盘伴边。
⑨ 净锅下汤水、盐、鸡粉、白糖调味，勾芡，下包尾油，出锅淋在鸡肉上即可。

注意事项

1. 浸鸡时要用小火。
2. 鸡肉、鸡肝、火腿大小要均匀。

52. 七彩官燕

操作视频

准备材料

主料：燕窝 50g
辅料：木瓜 200g、杏仁 50g、姜 100g、无核红枣 40g、蜜桃 200g、芒果 200g
调料：椰汁 50g、冰糖 200g

制作步骤

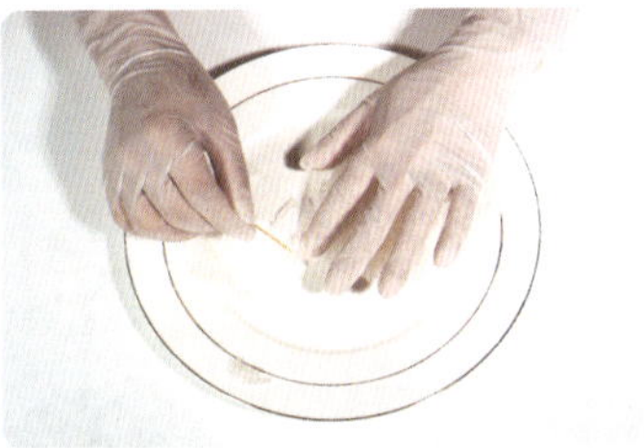

①

②

③

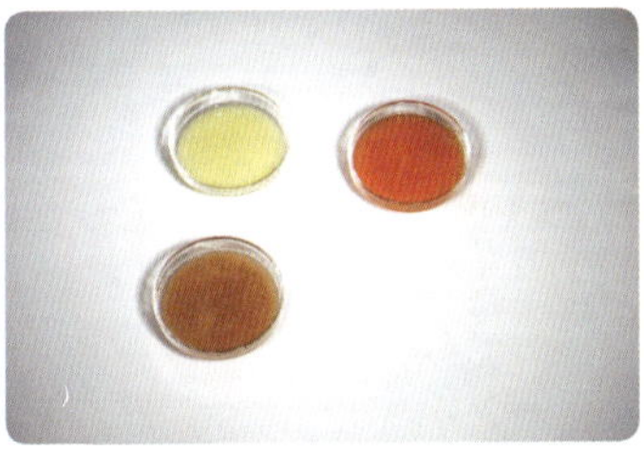

④

⑤

⑥

① 燕窝用冷水浸泡 6 ~ 8 小时后，冲洗干净，用厨房纸擦干，挑出细毛，撕成丝。
② 燕窝丝用热水焗 2 小时，过冰水，沥干水分待用。
③ 杏仁、红枣分别加水，炖 1 小时后打成汁。
④ 木瓜、姜、蜜桃、芒果分别去皮后打成汁。
⑤ 取冰糖、姜，加水 500g，熬糖浆。
⑥ 燕窝加入糖浆、水 150g，保鲜膜封好炖 1 小时，出锅后配上各种调味汁即可。

注意事项

1. 浸发燕窝时要控制好时间和水温。
2. 燕窝细毛要挑干净。

53. 姜葱白切鸡

相传有一位文人在游历广东途中，在一农户家借宿。农户为了款待这位客人，宰杀了家中仅有的一只鸡。由于家境贫寒，没有过多的调料，农户便将鸡在清水中煮熟，切成块装盘。文人品尝后，被鸡肉的鲜嫩和独特的风味所打动，赞不绝口，并为这道菜取名为“白切鸡”。

操作视频

准备材料

主料：三黄鸡 1500g
辅料：姜 100g、葱 100g、黄栀子 50g
调料：盐 10g、鸡粉 10g、糖 10g

制作步骤

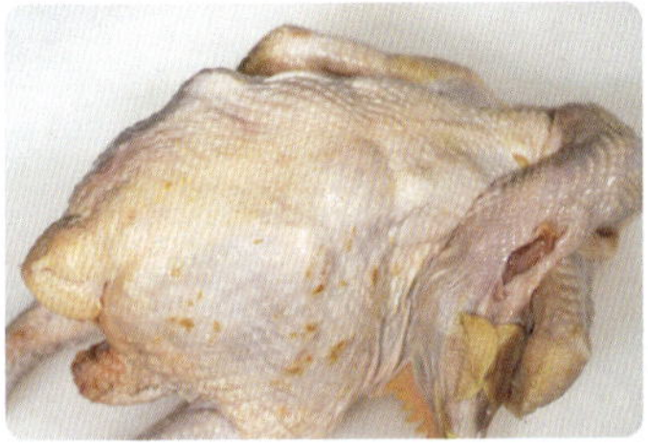
①

②

③

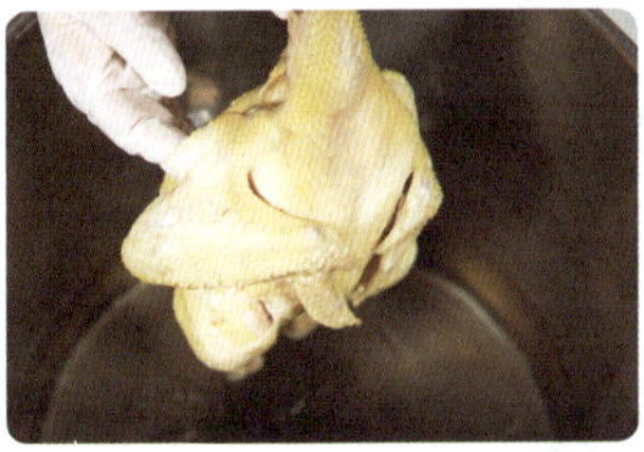
④

⑤

⑥

① 将光鸡皮毛处理干净，开肚、去内脏，清洗干净。
② 烧 15000g 清水，加入黄栀子、姜、葱，烧开。
③ 将光鸡放入烧开的味水中，三泡三拉，使其里外温度一致，再浸泡 20 分钟至熟。
④ 取出过冰水，放凉备用。
⑤ 姜去皮剁末，下盐、鸡粉、糖调味，淋热油拌匀，倒入剁碎的葱备用。
⑥ 将鸡斩件，造型摆盘，配上姜葱酱。

注意事项

1. 浸鸡火候及时间要掌控好。
2. 鸡过冰水可以使鸡表皮更爽脆。

54. 家乡酿鲮鱼

操作视频

准备材料

主料：鲮鱼 1500g
辅料：腊肉 150g、上海青 100 克、胡萝卜 50g、马蹄 100g、木耳 50g、姜 15g、蒜 15g
调料：盐 8g、料酒 15g、糖 8g、生粉 10g、蚝油 20g、鸡粉 5g、老抽 15g

制作步骤

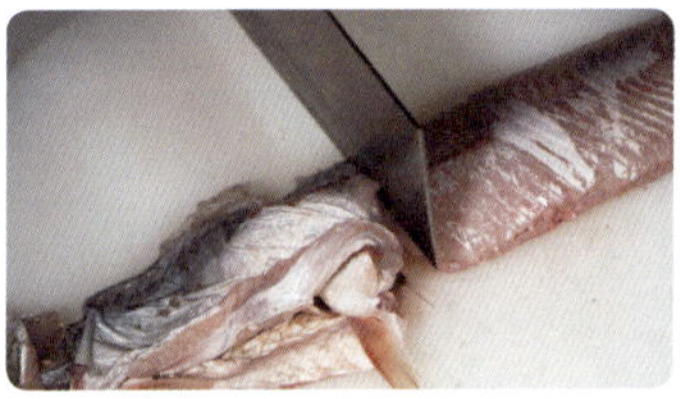
①

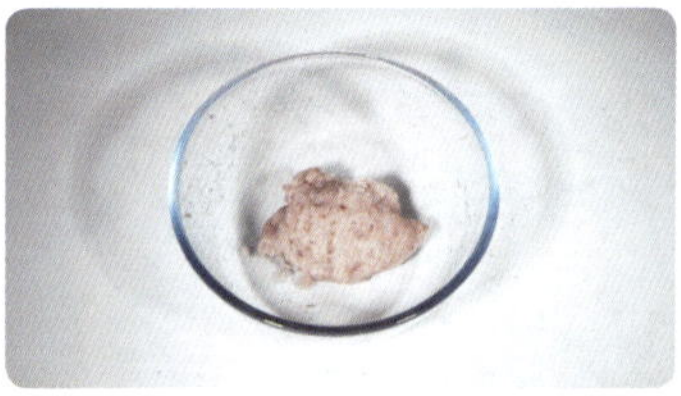
②

③

④

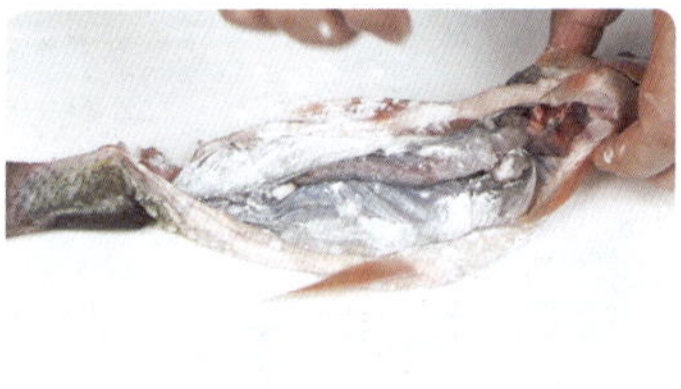
⑤

⑥

⑦

⑧

⑨

① 将鲮鱼去鳞、去内脏，洗净后在鱼肚处划一刀，将鱼肉和鱼骨分离，取出鱼肉，保留鱼皮完整。
② 将鱼肉切成小块，剁成鱼蓉。
③ 将木耳、胡萝卜、马蹄、腊肉切成末，姜、蒜切末备用。
④ 将腊肉、鱼蓉、木耳、马蹄、胡萝卜、姜、蒜放入碗中，加入盐，搅拌均匀，制成馅料。
⑤ 在鱼皮表面均匀地涂抹一层生粉，防止煎制时鱼皮破裂。
⑥ 将馅料填入鱼皮中，用手将鱼皮和馅料捏紧，使馅料填满鱼皮，恢复鱼的形状。
⑦ 上海青洗净，锅中下热水、盐、糖，将上海青飞水。
⑧ 热锅凉油，将酿好的鲮鱼放入锅中，小火煎至两面金黄备用。
⑨ 爆香蒜、姜、料酒，加入适量的水，放入盐、糖、鸡粉、蚝油、老抽调味，将酿鲮鱼放入其中焖煮，使鱼肉熟透，捞起切厚件；将汤汁收浓稠，淋在酿鲮鱼上，上海青伴边即可。

注意事项

1. 处理鲮鱼的时候要注意保持鱼皮完整。
2. 煎制时控制好火候。

55. 避风塘炒蟹

避风塘指的是出海的渔船用来暂避台风的场所。避风塘风味就是渔民在躲避台风来袭、物资缺乏时，利用渔船上有限的食材做出的风味。因为新鲜的菜蔬很难保存，所以渔船上用于烹饪的食材大多是海鲜以及易于保存的葱、姜、蒜等调料，其中避风塘炒蟹和避风塘炒虾成为知名度较高的两道菜。避风塘炒蟹还被誉为香港十大经典名菜之一。

操作视频

准备材料

主料： 肉蟹 750g
辅料： 姜 20g、干辣椒 10g、蒜 50g
调料： 面包糠 150g、盐 8g、豆豉 15g

制作步骤

①
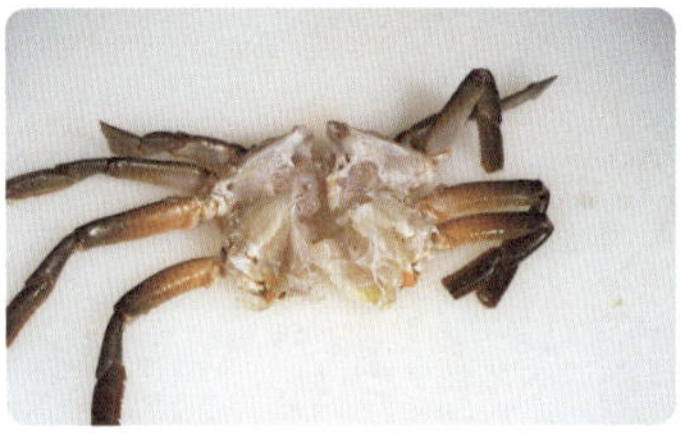
②

③

④

⑤

⑥

① 肉蟹清洗干净，去鳃、去内脏。
② 把肉蟹斩块。
③ 净锅烧油，分别放入姜、蒜炸至金黄。
④ 净锅烧油，放入面包糠炸至金黄。
⑤ 净锅热油，下肉蟹壳炸至 8 成熟；下肉蟹炸至 8 成熟；倒入豆豉、姜、蒜、面包糠、干辣椒、盐，翻炒均匀。
⑥ 装盘成菜。

注意事项

1. 炸制蒜蓉和面包糠时注意油温，以免油温过高导致蒜蓉和面包糠变苦、发黑。
2. 炸肉蟹时拍少许生粉更佳。

酒店流行菜

56. 黑松露鳕鱼夹澳带

操作视频

准备材料

主料： 澳洲带子 200g
辅料： 方包 2 片、鳕鱼 100g、红蟹子 5g、鸡蛋 1 个
调料： 黑松露酱 20g、盐 5g、白糖 3g、鸡粉 5g、卡夫酱 100g、炼乳 50g、浓缩柠檬汁 5g、生粉 2g

制作步骤

①

②

③
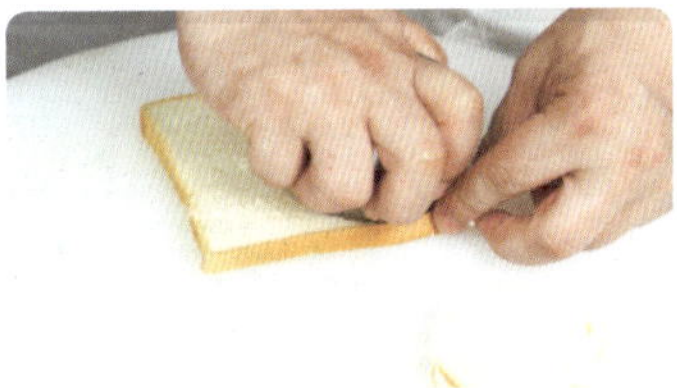
④

⑤

⑥
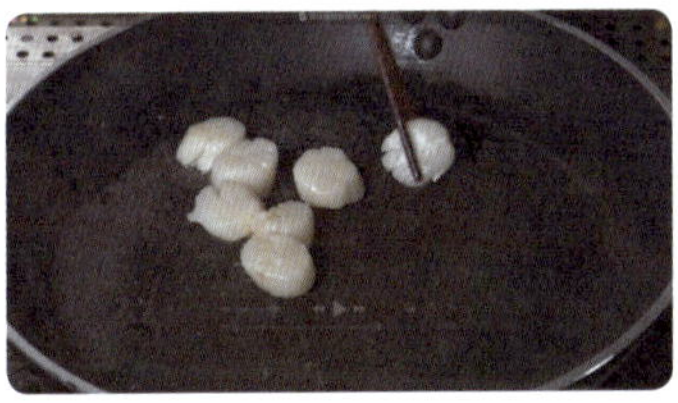
⑦

⑧

⑨

① 将澳洲带子洗净。
② 带子吸干水分；鸡粉、盐、白糖、蛋清调汁，将带子下味腌制。
③ 银鳕鱼切片，加入盐、生粉、蛋液腌制。
④ 方包用模具改成圆形。
⑤ 用方包将银鳕鱼夹住。
⑥ 用 120℃油温浸炸至熟，然后捞起沥干。
⑦ 带子下锅，煎至两面金黄待用。
⑧ 用卡夫酱、炼乳、浓缩柠檬汁调酱，用裱花袋挤到鳕鱼夹上。
⑨ 将带子放到鳕鱼夹上，再放入黑松露酱和红蟹子即可。

注意事项

1. 带子焯水时间不宜过长，以免影响口感。
2. 炸银鳕鱼时要控制好火候。

57. 百香果汁银鳕鱼

操作视频

准备材料

主料：银鳕鱼 200g
辅料：鲜百香果 1 个、芦笋 100g、手指胡萝卜 150g、草莓 3 个、薄荷 15g
调料：盐 2g、糖 20g、炼乳 50g、蛋黄酱 100g、料酒 2g

制作步骤

①

②

③

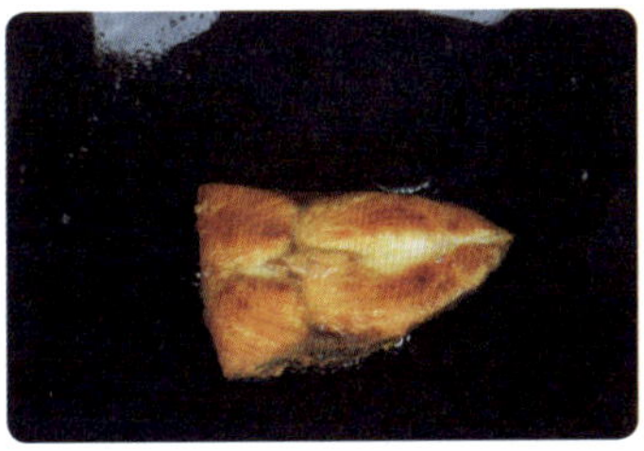
④

⑤

⑥

①鲜百香果切开头部，取出籽和汁，加入蛋黄酱，炼乳分成两次放入，搅拌均匀。
②将银鳕鱼切好、洗净备用。
③银鳕鱼用盐、糖、料酒腌制。
④热锅下油，将银鳕鱼煎至金黄，盛起。
⑤调好的酱汁盛出，放入百香果壳里备用。
⑥将银鳕鱼上盘摆盘，用开边草莓、焯水后的芦笋尖和去皮手指胡萝卜、百香果酱汁、薄荷装饰即可。

注意事项

1. 鳕鱼去鱼鳞，洗净。
2. 煎制时注意火候，将鳕鱼煎至表面焦黄，以外焦里嫩为佳。

58. 日式烧汁墨鱼仔

操作视频

准备材料

主料： 墨鱼仔 400g
辅料： 洋葱 50g、姜 10g、蒜 10g、青尖椒 10g、红尖椒 10g、黄瓜 50g
调料： 黑胡椒碎 3g、盐 2g、糖 3g、鸡粉 2g、日式烧汁 25g、白芝麻 3g、生抽 3g、生粉 10g、料酒 5g

制作步骤

①

②

③

④

⑤

⑥

⑦

⑧

⑨

① 墨鱼仔拔除软壳，洗净备用。
② 备姜末、蒜蓉、青尖椒末、红尖椒末、洋葱丝，黄瓜切片并整形。
③ 白芝麻开小火炒香（微黄）。
④ 墨鱼仔飞水后捞出沥干水分，下盐、糖、料酒、生粉，腌制至入味。
⑤ 起锅浇油，下墨鱼仔、生抽，翻炒均匀，捞出；起锅烧油，用 150℃油将墨鱼仔过油。
⑥ 净锅浇水，下盐、糖、鸡粉调味；将洋葱、红尖椒、青尖椒焯水至 8 成熟。
⑦ 净锅下油，爆香料头，倒入墨鱼仔、洋葱、红尖椒、青尖椒，下黑胡椒碎、盐、糖、鸡粉、生抽、日式烧汁调味，翻炒均匀。
⑧ 勾芡，调色，加入包尾油，出锅。
⑨ 用黄瓜、墨鱼仔摆盘，撒上芝麻即可。

注意事项

1. 墨鱼仔过油时要控制好油温。
2. 烹调时注意火候和生熟度。

59. 鲜虫草花炖水鸭仔

操作视频

准备材料

主料： 水鸭仔 500g
辅料： 鲜虫草花 50g、红枣 10g、枸杞 10g、姜 5g、瑶柱 10g、瘦肉 100g
调料： 盐 15g、白糖 8g、料酒 15g

制作步骤

①

②

③

④

⑤

⑥

⑦

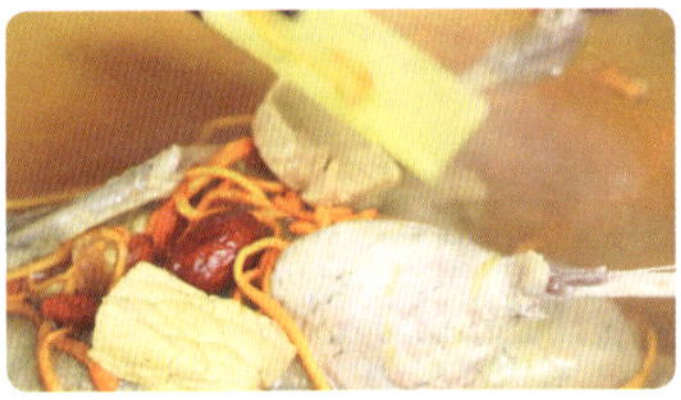

⑧

⑨

① 将水鸭去除内脏，清洗干净后开背、剁小块。
② 冷水下锅，锅中放姜，将水鸭及瘦肉焯水。
③ 备姜片、瑶柱，枸杞泡开，红枣洗净。
④ 烧水，用盐、白糖、料酒等调汤。
⑤ 将水鸭、肉粒、姜、鲜虫草花、枸杞、红枣、瑶柱装入炖盅。
⑥ 加入调好的汤。
⑦ 加盖，蒸炖 3 小时后取出。
⑧ 开盖，挑出姜。
⑨ 撇掉汤面表层多余的油脂，即可成菜。

注意事项

1. 原料焯水时要冷水下锅，要将原料血水彻底焯干净。
2. 控制好水和原料的比例及分量。

60. 虫草花蒸乳鸽

操作视频

准备材料

主料： 乳鸽 600g
辅料： 虫草花 20g、姜 10g、葱 10g、蒜 10g、红枣 5g、冬菇 5g
调料： 盐 3g、糖 3g、鸡粉 5g、蚝油 10g、生抽 10g、老抽 5g、生粉 2g、麻油 3g

制作步骤

①

②

③

④

⑤

⑥

⑦

⑧

⑨

① 将乳鸽洗净、去内脏，砍小块备用。
② 红枣洗净、去核、切小块。
③ 备姜片、葱段，冬菇去蒂、切块。
④ 虫草花去头、洗净、飞水。
⑤ 乳鸽加入蚝油、生抽、老抽、盐、糖、鸡粉、生粉、麻油腌制，加入姜、葱、蒜、红枣、冬菇，搅拌均匀。
⑥ 将乳鸽平铺在盘中，上面摆上虫草花。
⑦ 起锅烧水，水开有蒸气时，将乳鸽放入锅中蒸制。
⑧ 蒸熟后，把多余的汁水倒掉。
⑨ 撒上葱花，淋上热油即可。

注意事项

1. 乳鸽砍件要均匀。
2. 蒸制时控制好火候。

61. 香煎榴莲糯米卷

准备材料

主料：糯米 200g
辅料：榴莲肉 100g、腐皮 2 块、紫菜 2 块、蟹子 5g、鸡蛋 50g
调料：盐 3g、白糖 3g、鸡粉 3g

制作步骤

①

②

③

④

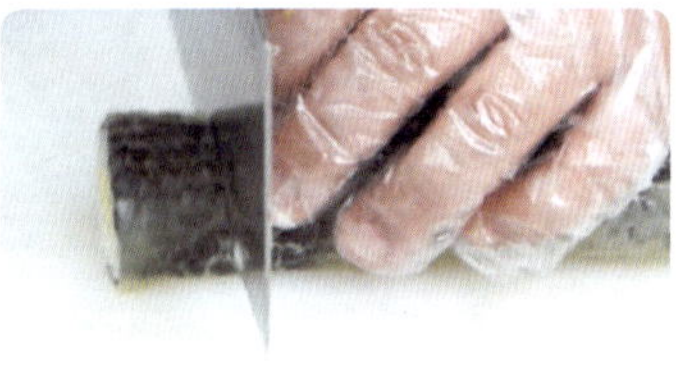

⑤

⑥

① 将糯米洗净，下盐、白糖、鸡粉，搅拌均匀，加水蒸至熟软备用。
② 备好榴莲肉、紫菜、腐皮、鸡蛋。
③ 将紫菜平铺，均匀放上一层糯米和一层榴莲肉，卷成卷。
④ 将卷放在腐皮上，刷上蛋液，卷成卷。
⑤ 重复操作，然后将卷切块。
⑥ 起锅烧油，放入糯米卷，煎至金黄后盛出，摆盘后放上蟹子即可。

注意事项

1. 糯米浸泡 2 小时后再蒸。
2. 卷糯米卷时要均匀。
3. 煎制时控制好火候。

62. 红腰豆花生猪尾煲

操作视频

准备材料

主料：猪尾巴 400g
辅料：姜 20g、蒜苗 50g、罐头红腰豆 150g、花生 50g、红椒 50g、蒜 20g
调料：盐 2g、白糖 5g、鸡粉 3g、老抽 2g、柱侯酱 3g、生粉 6g、料酒 30g、南乳 15g

制作步骤

①

②

③

④

⑤

⑥

⑦

⑧

⑨

① 将猪尾巴洗净、斩小块，姜切块，蒜苗切小段。
② 花生用水浸泡。
③ 净锅烧水，下猪尾巴焯水至熟，捞起沥干水分，用老抽拌匀上色。
④ 净锅烧油至 150℃，下猪尾巴炸至金黄。
⑤ 净锅热油，下姜、蒜爆香，下南乳、料酒、盐、白糖、柱侯酱、鸡粉，下猪尾巴。
⑥ 加水焖煮；另起锅爆炒蒜苗和红椒。
⑦ 花生、红腰豆焯水后放入猪尾巴锅中。
⑧ 炆好猪尾巴、红腰豆、花生，勾芡，调色，加入包尾油。
⑨ 出锅装入煲中，放入蒜苗和红椒即可。

注意事项

1. 猪尾巴焯水可以去除血水和杂质，减少腥味。
2. 炆制时控制好时间和火候。

63. 鲜沙姜盐焗鲜鲍

操作视频

准备材料

主料：6 头鲜鲍鱼 500g
辅料：鲜沙姜 50g、粗盐 500g、红椒 50g、葱 20g
调料：盐 15g、鸡粉 15g、盐焗鸡粉 15g、生抽 2g

制作步骤

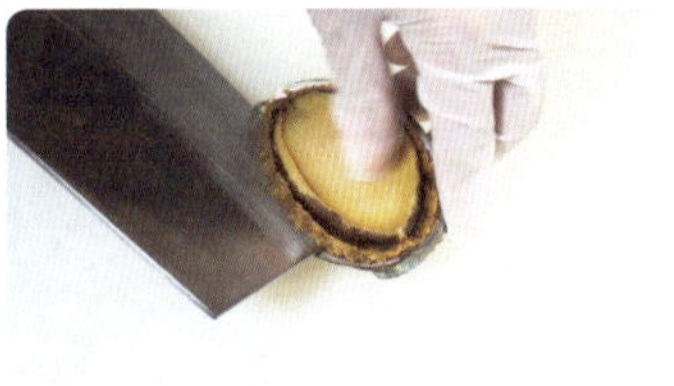
①

②

③

④

⑤

⑥

⑦

⑧

⑨

① 鲜鲍鱼去壳取肉，去除内脏。
② 鲜沙姜剁碎，红椒切米，葱切葱花。
③ 鲍鱼肉表面切花纹。
④ 净锅烧水，鲍鱼焯水至熟。
⑤ 净锅烧油至 150℃，下鲍鱼炸至干香；净锅热油，下鲍鱼、沙姜，用盐焗鸡粉、生抽、盐、鸡粉调味，翻炒均匀。
⑥ 用锡纸将鲍鱼裹好。
⑦ 粗盐下锅炒热，热煲装盐，放入鲍鱼，慢火加热焗 30 分钟。
⑧ 取出后重新上盘。
⑨ 撒上葱花、红椒米即可。

注意事项

1. 鲍鱼要清洗干净。
2. 鲍鱼的烹饪时间不宜过长，以免影响口感。

64. 原只番茄燕麦煮鲜鲍

操作视频

准备材料

主料：鲜鲍鱼 200g
辅料：番茄 200g、燕麦 10g、姜 10g、葱 10g
调料：盐 3g、白糖 6g、番茄沙司 30g

制作步骤

①

②

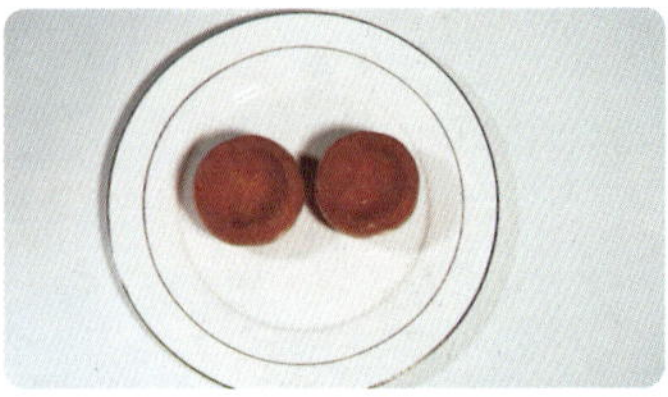
③

④

⑤

⑥

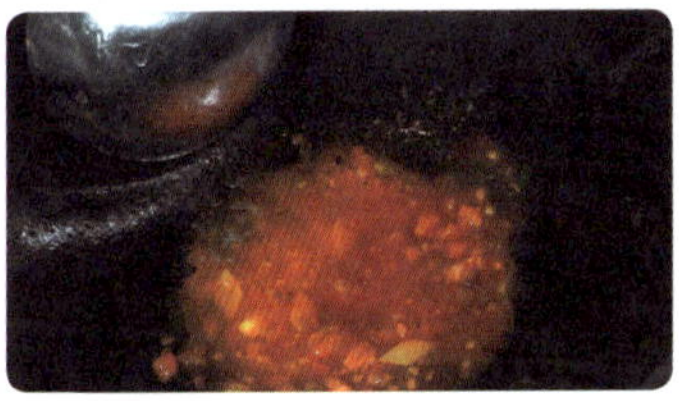
⑦

⑧

⑨

① 鲜鲍鱼去壳、取肉，去除内脏。
② 鲍鱼表面切花纹；姜切片，葱切葱花。
③ 番茄切去头，用勺子挖出果肉，做成番茄盅备用。
④ 燕麦加水蒸 20 分钟至熟。
⑤ 净锅烧水，下鲍鱼肉焯水至熟。
⑥ 净锅烧油至 100℃，下鲍鱼拉油。
⑦ 热锅下油，下姜片爆香，下番茄果肉、番茄沙司调味。
⑧ 下盐、白糖、水，加入燕麦、鲍鱼焖煮入味，勾芡，淋包尾油，出锅。
⑨ 装入番茄盅里，撒上葱花点缀。

注意事项

1. 燕麦蒸制时间充足。
2. 鲍鱼的烹饪时间不宜过长，以免影响口感。

65. 珍珠蚝啫啫鸡

操作视频

准备材料

主料： 珍珠蚝 200g、走地鸡 350g
辅料： 姜 15g、蒜 30g、红葱头 50g、西蓝花 300g、香菜 20g、香菇 15g、红椒 50g
调料： 盐 8g、白糖 13g、鸡粉 15g、蚝油 20g、花雕酒 200g、生粉 10g、芝麻油 3g、胡椒粉 2g

制作步骤

①

②

③

④
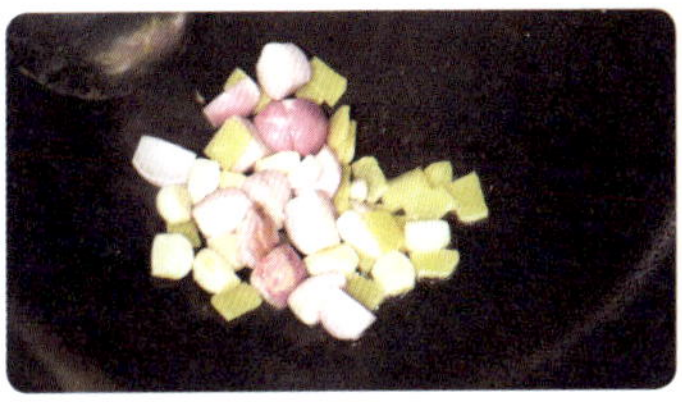
⑤

⑥

⑦

⑧

⑨

① 西蓝花切块；净锅烧水，放入生粉、油、西蓝花，焯水至熟，捞出备用。
② 净锅烧水，下姜、花雕酒，用盐、鸡粉、白糖调味，放入珍珠蚝，小火浸 10 分钟至熟，捞起备用。
③ 净锅热油，下珍珠蚝、蚝油，煎至两面金黄。
④ 走地鸡洗干净，砍成小块，用盐、白糖、鸡粉、生抽、生粉、胡椒粉腌制至入味。
⑤ 净锅热油，下鸡块，煎至金黄后盛出；净锅热油，下姜、蒜、红葱头、香菇爆香。
⑥ 下鸡块、花雕酒，中火翻炒，让鸡块均匀受热，下蚝油、盐、鸡粉，翻炒均匀。
⑦ 下入珍珠蚝、红椒、芝麻油翻炒。
⑧ 盛出，装盘，放入香菜、葱段。
⑨ 用西蓝花、香菜点缀，成菜。

注意事项

1. 要吸干走地鸡的水分。
2. 控制好生蚝的生熟度。

66. 酱皇爆炒兰花蚌

操作视频

准备材料

主料： 兰花蚌 250g
辅料： 芦笋 300g、青椒 25g、红椒 25g、姜 10g、蒜 10g、葱 8g、木耳 50g
调料： XO 酱 5g、盐 5g、鸡粉 10g、白糖 10g、生粉 20g、蚝油 4g

制作步骤

①

②

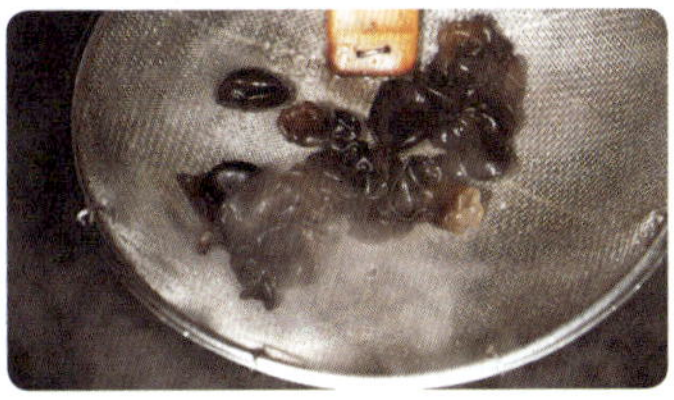

③

④

⑤

⑥

① 兰花蚌洗净切成片，用盐、鸡粉、白糖腌制 10 分钟。
② 把芦笋切成段，芦笋、青椒、红椒焯水备用。
③ 把木耳焯水备用。
④ 把兰花蚌过水、过油，备用。
⑤ 爆香姜、蒜、葱，将兰花蚌放入，放入 XO 酱炒香，下芦笋、青椒、红椒，下木耳、盐、鸡粉、白糖、蚝油调味，快速炒匀。
⑥ 勾芡，下包尾油，装盘即可。

注意事项

1. 芦笋去皮，口感会更好。
2. 炒兰花蚌时注意火候，不要炒得过熟。

67. 芝士伊面焗青虾

操作视频

准备材料

主料： 青虾 500g
辅料： 西蓝花 150g、伊面 100g、姜 20g、蒜 20g、干葱 20g
调料： 芝士片 150g、盐 2g、鸡粉 3g、白糖 5g、椰浆 50g、黄油 150g、生粉 10g

制作步骤

①

②

③

④

⑤

⑥

⑦

⑧

⑨

① 将青虾去除虾栓、虾须、虾脚；虾肚开一刀备用，收拾完毕放入盘中。
② 西蓝花切块，起锅烧水，下西蓝花，焯水断生。
③ 下青虾，焯水 30 秒后捞出。
④ 起锅烧油至 180℃，将虾炸至香脆，捞出控油。
⑤ 煮伊面，捞出垫底。
⑥ 净锅融化黄油，下上汤、盐、鸡粉、白糖调味；放入伊面，拌匀备用。
⑦ 净锅融化黄油，爆香姜、蒜、干葱。
⑧ 下上汤、芝士片、虾煨香，捞出放在伊面上。
⑨ 料汁中加入椰浆、生粉勾芡，将汁淋在虾上，摆上西蓝花、撒上干葱花即可。

注意事项

1. 伊面煮制的时间不能太久，避免过于膨胀、软烂。
2. 青虾肚开一刀便于入味。

68. 蟹肉上汤浸苦瓜

准备材料

主料： 苦瓜 400g
辅料： 蟹肉 100g、姜 10g、葱 10g、蒜 5g
调料： 盐 10g、鸡粉 10g、白糖 5g、鸡汁 20g、生粉 10g

制作步骤

①

②

③

④

⑤

⑥

① 苦瓜用削皮刀削成薄片。
② 净锅烧水，加入盐，下苦瓜焯水，备用。
③ 净锅热油，爆香姜、葱、蒜，放入苦瓜、水、上汤。
④ 加入盐、鸡粉、白糖调味，大火煮至入味。
⑤ 净锅烧水，下蟹肉，加入盐、鸡粉、白糖调味，煮至入味，生粉水勾芡，加入鸡汁。
⑥ 蟹肉连汤一起淋在苦瓜上，点缀成菜。

注意事项

1. 苦瓜片的薄厚要均匀。
2. 烹制蟹肉时控制好水温。

69. 烧汁羊肋排

操作视频

准备材料

主料： 羊肋排 300g
辅料： 姜 3g、蒜 3g、洋葱 100g、香芹 50g
调料： 日本烧汁 50g、蜂蜜 20g、盐 5g、鸡粉 5g、鸡汁 20g、白糖 5g、白兰地 20g、黑胡椒粉 30g、生抽 20g、生粉 20g、料酒 10g

制作步骤

①

②

③

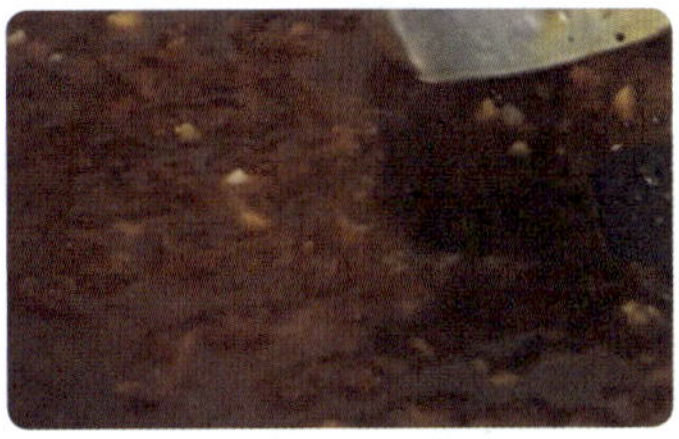
④

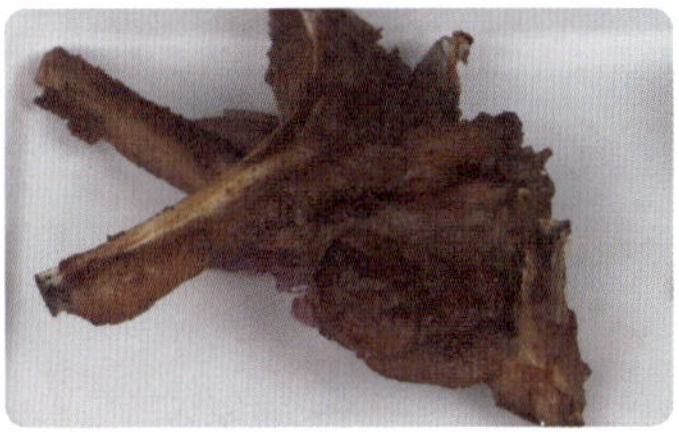
⑤

⑥

① 用刀背轻拍羊肋排，以便入味；用香茅、料酒、盐、白糖、鸡粉、生抽腌制羊肋排 1 小时左右。
② 净锅烧油至 150℃，把羊肋排煎至金黄，加入白兰地增香。
③ 净锅热油，下洋葱，炒香后备用。
④ 净锅热油，爆香蒜、姜、洋葱，加入水、黑胡椒粉、日本烧汁、盐、白糖、鸡粉、鸡汁，勾芡后加入蜂蜜，搅拌均匀。
⑤ 将羊肋排、洋葱装盘。
⑥ 在羊肋排上淋汁即可成菜。

注意事项

1. 羊排肋腌制时间要足够，否则不入味。
2. 煎制时控制好时间和火候。

70. 生煎龙虾仔

操作视频

准备材料

主料：小青龙 500g
辅料：姜 5g、蒜 5g、红椒 5g、洋葱 10g
调料：盐 5g、黑胡椒粉 10g、白兰地 20g

制作步骤

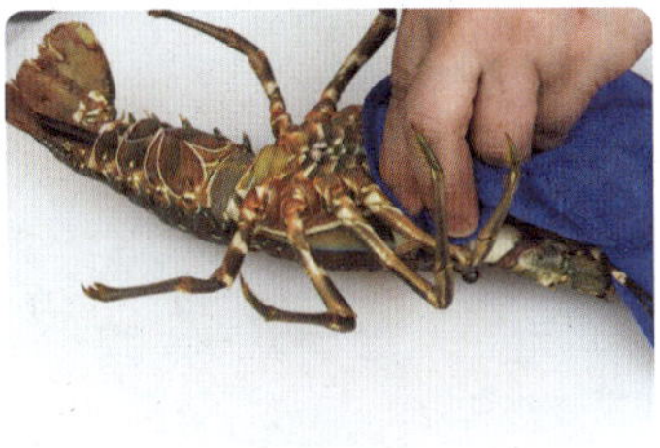

①

②

③

④

⑤

⑥

① 把小青龙宰杀好，对半切开。
② 用盐腌制 10 分钟。
③ 把不粘锅烧热放油，放入小青龙，煎至金黄。
④ 起锅时加入黑胡椒粉、淋少许白兰地。
⑤ 爆香姜、蒜、红椒。
⑥ 将小青龙、洋葱等摆盘塑形。

注意事项

1. 小青龙腌制时间要足够，否则不入味。
2. 煎制时控制好时间和火候。

71. 青芥美极焗虾

操作视频

准备材料

主料： 虾 500g
辅料： 西蓝花 150g、姜 20g、蒜 20g、葱 20g、青椒 10g、红椒 10g
调料： 生抽 50g、青芥末 20g、芥末油 10g、白糖 20g、鸡粉 10g、生粉 10g

制作步骤

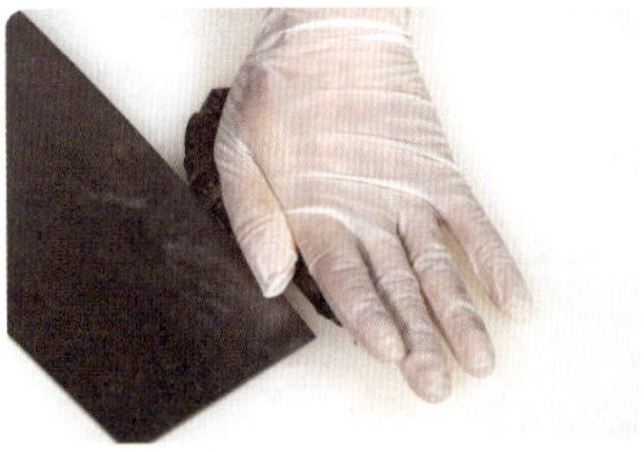
①

②

③

④

⑤

⑥

① 虾去除虾栓、虾须；在腹部开一刀。
② 用青芥末、芥末油、生抽、鸡粉、白糖调汁。
③ 将虾飞水，拍少许生粉，用 180℃油温炸透，备用。
④ 西蓝花切成小朵，焯水备用。
⑤ 净锅烧油，爆香姜、蒜；放入虾、青椒、红椒，倒入调味汁，翻炒均匀。
⑥ 盛出摆盘，撒上葱花，西蓝花伴边即可。

注意事项

1. 虾腹部要改刀，容易入味。
2. 炸虾时要拍少许生粉。

72. 百花酿鱼肚

准备材料

主料：鱼肚 100g、虾胶 200g
辅料：姜 20g、葱 20g、上海青 300g
调料：盐 3g、鸡粉 3g、白糖 2g、生粉 10g

制作步骤

①

②

③

④

⑤

⑥

① 上海青改刀，保留小颗菜心。
② 将虾胶酿入鱼肚上面，用刀切掉多余部分，装盘。
③ 将葱、姜、酿鱼肚放入蒸笼，蒸 4 分钟至熟。
④ 净锅烧水，下油，加入盐、白糖、鸡粉调味，下上海青焯水至熟。
⑤ 上海青摆在酿鱼肚旁边。
⑥ 净锅下汤水，下盐、鸡粉、白糖调味，勾芡，将芡汁淋在酿鱼肚上。

注意事项

1. 酿鱼肚时，鱼肚最好拍少许生粉，以免虾胶脱落。
2. 蒸制时要用大火。

73. 红葱头焗走地鸡

操作视频

准备材料

主料：走地鸡 600g
辅料：红葱头 120g、姜 80g、蒜 150g、青红椒 80g、芹菜 80g、葱 80g、香菜 20g、香菇 30g
调料：盐 5g、白糖 8g、生抽 10g、蚝油 8g、花雕酒 100g、生粉 10g

制作步骤

①

②

③

④

⑤

⑥

① 走地鸡洗净，斩成小块。
② 加入盐、白糖、生抽、生粉拌匀，腌制 20 分钟至入味。
③ 净锅热油，下鸡块煎焗至焦红色，7 成熟时捞起。
④ 起锅烧油，放入姜、红葱头、蒜爆香；放入青红椒、芹菜、香菇，爆香后盛出。
⑤ 下鸡块，加入花雕酒、蚝油、盐、白糖，放入姜、红葱头、蒜、青红椒、芹菜、香菇，翻炒均匀。
⑥ 用葱、香菜等点缀，成菜。

注意事项

1. 鸡块要大小均匀。
2. 鸡肉煎焗时不能过火，否则影响口感。

74. 猪肚包鸡

猪肚包鸡又名凤凰投胎，这道菜有一个有趣的故事。相传在清朝时期，宜妃刚生完孩子，身体虚弱，吃什么都没胃口。乾隆皇帝便吩咐御膳房为宜妃炖煮补品。御膳房的厨师们绞尽脑汁，他们将鸡肉塞进猪肚里，配以名贵药材一同炖煮。宜妃吃后胃口大开，身体也逐渐恢复。乾隆皇帝龙颜大悦，为这道菜赐名“凤凰投胎”。后来，这道菜的做法传到民间，经过不断改良和演变，成为深受大众喜爱的猪肚包鸡。

操作视频

准备材料

主料：走地鸡 600g、猪肚 1 个
辅料：姜 40g、白果 20g
调料：白胡椒粒 40g、盐 15g、鸡粉 10g、白糖 10g

制作步骤

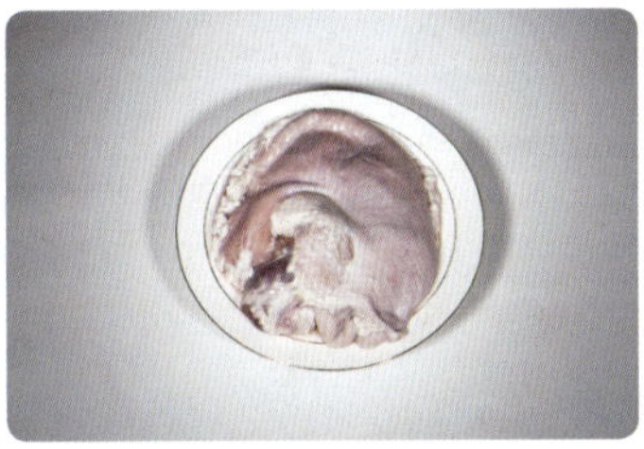

①

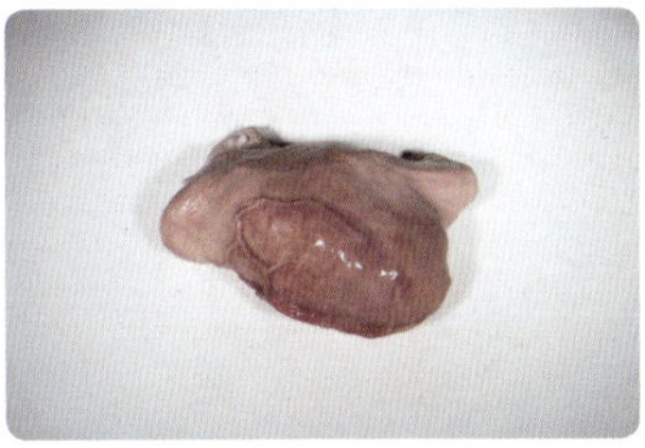

②

③

④

⑤

⑥

① 将走地鸡、猪肚洗干净，沥干水分。
② 把整只鸡塞进猪肚内。
③ 净锅烧水，将猪肚、鸡焯水后和白胡椒粒、姜一起放入煲中，加水，煲 2 小时。
④ 煲好后捞起，猪肚切片，鸡斩件。
⑤ 用砂锅装好猪肚、鸡。
⑥ 原汤加入盐、白糖、鸡粉调味，白果焯水至熟，加入猪肚、鸡，出锅成菜。

注意事项

1. 猪肚要清洗干净，去除异味。
2. 将鸡塞入猪肚时要小心，避免猪肚破烂。

75. 翡翠三菇炒白腊肉

操作视频

准备材料

主料： 腊肉 150g
辅料： 姜 5g、红椒 50g、葱 5g、荷兰豆 150g、杏鲍菇 50g、冬菇 50g、木耳 50g、蒜 5g
调料： 盐 5g、白糖 4g、鸡粉 6g、蚝油 15g

制作步骤

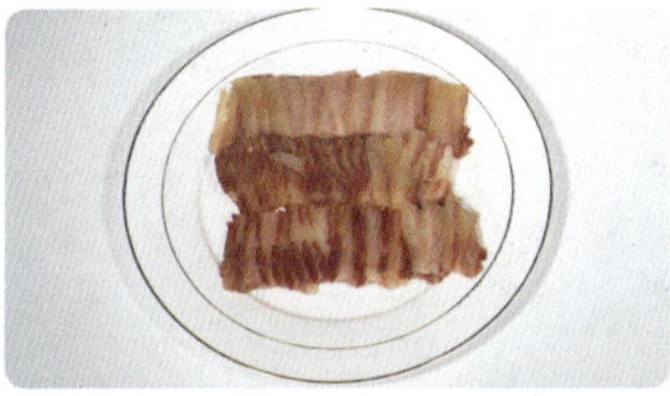
①

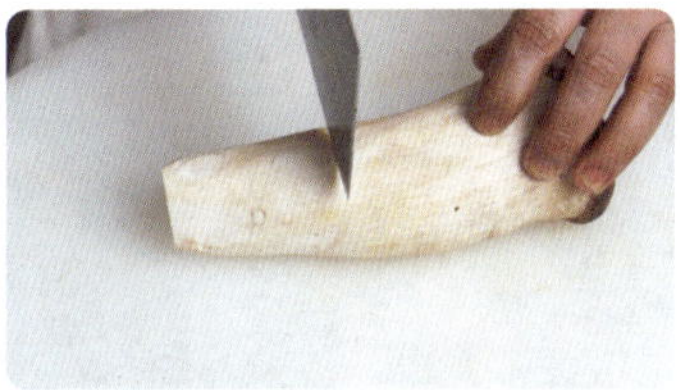
②

③

④

⑤

⑥

⑦

⑧

⑨

① 腊肉蒸熟，切成薄片。
② 杏鲍菇洗净、切厚片，冬菇洗净、切厚片，木耳洗净、切片。
③ 荷兰豆洗净、去头尾，红椒洗净、切件。
④ 用 150℃油温将杏鲍菇、冬菇炸至金黄。
⑤ 用蚝油、水将杏鲍菇、冬菇滚煨入味；下入木耳，煨入味。
⑥ 将荷兰豆、红椒煮熟，煨入味。
⑦ 净锅下油，将腊肉爆香。
⑧ 爆香姜、蒜、葱，放入腊肉、杏鲍菇、冬菇、木耳、荷兰豆、红椒。
⑨ 加入盐、白糖、鸡粉、蚝油，翻炒均匀，加入包尾油即可。

注意事项

1. 腊肉不要过油，以免流失腊肉的香味。
2. 荷兰豆、红椒不要过熟。

76. 脆皮豆腐黄金虾

操作视频

准备材料

主料： 节虾 250g
辅料： 面包糠 200g、鸡蛋 5 个、脱脂滑豆腐 2 块、脆炸粉 1 包
调料： 七味盐 10g、泡打粉 30g、盐 5g、糖 3g、鸡粉 10g、泰国甜辣酱 100g

制作步骤

①

②

③

④

⑤
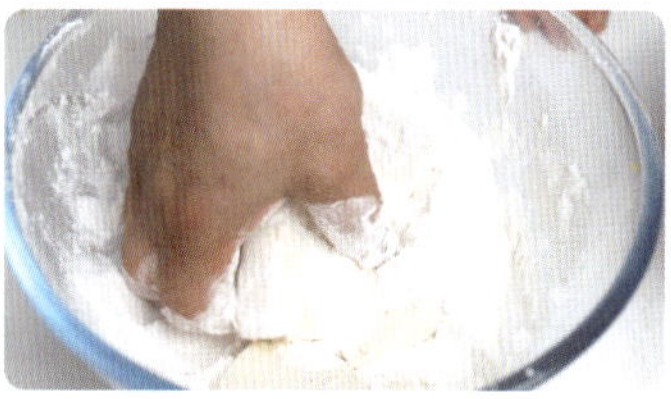
⑥

⑦

⑧

⑨

① 将节虾去头、去壳、留尾。
② 将节虾开背、拍扁，用刀打井字花后洗净。
③ 用盐、糖、鸡粉、蛋黄、泡打粉腌制。
④ 将节虾拍上面包糠。
⑤ 豆腐改成日字形厚件。
⑥ 脆炸粉中加入七味盐，然后将豆腐上粉。
⑦ 油温 150℃，将豆腐炸脆后捞起，提高油温后复炸。
⑧ 油温 140℃，将节虾放入油中浸炸至金黄，捞起，然后提高油温复炸。
⑨ 将豆腐和虾上盘拼好，淋上泰国甜辣酱即可。

注意事项

1. 豆腐要上 2 次脆炸粉。
2. 节虾拍面包糠时要用手心压一压。
3. 炸的时候控制好油温。

77. 风味孜然骨

操作视频

准备材料

主料： 肉排骨 500g
辅料： 姜 30g、蒜 30g、青尖椒 10g、红尖椒 10g
调料： 盐 10g、白糖 10g、鸡粉 10g、生粉 50g、孜然粉 30g、辣椒粉 10g

制作步骤

①

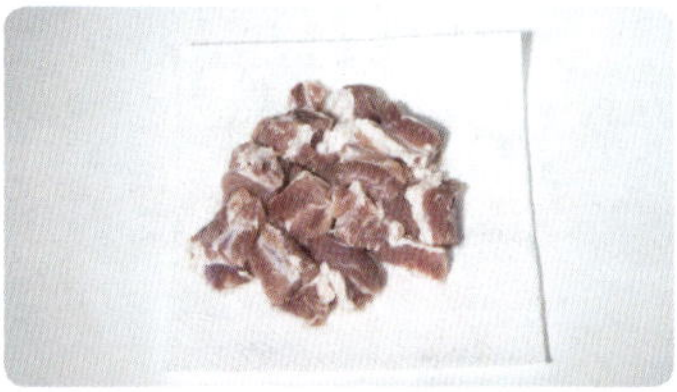
②

③

④

⑤

⑥

⑦

⑧

⑨

① 将排骨斩成小块。
② 排骨冲洗干净后，吸干水分。
③ 排骨中放入盐、白糖、鸡粉、生粉，腌制 2 小时。
④ 将蒜、青尖椒、红尖椒分别切成米粒大小。
⑤ 净锅烧油，浸炸排骨至表面金黄，沥干油后复炸。
⑥ 净锅热油，下蒜、青尖椒、红尖椒、姜爆香。
⑦ 下排骨，翻炒均匀。
⑧ 撒孜然粉、辣椒粉，拌匀。
⑨ 装盘点缀，成菜。

注意事项

1. 排骨洗净后用厨房纸吸干水分，以利于腌制至入味。
2. 炸制时油温切勿过高，避免排骨外表上色太快而没有熟透。

78. 葱油淋鲈鱼

操作视频

准备材料

主料：鲈鱼 750g
辅料：葱 200g、姜 50g、丝瓜 100g、木耳 50g、红椒 5g
调料：蒸鱼豉油 30g、花生油 20g、生粉 10g、盐 5g

制作步骤

①

②

③

④

⑤

⑥

① 鲈鱼杀好取肉，改刀取出鱼骨，片成鱼片，加入盐、生粉、花生油，搅拌均匀。
② 丝瓜改块，焯水用来垫底；木耳焯水。
③ 鱼肉、丝瓜摆盘。
④ 将鱼肉、丝瓜、姜放入蒸柜，大火蒸 10 分钟即可。
⑤ 取出倒掉鱼汁，放入葱花、红椒丝、木耳。
⑥ 热锅下葱油，烧热后淋在鲈鱼上，再放上蒸鱼豉油，成菜。

注意事项

1. 蒸制时要用大火。
2. 蒸制时根据鱼的大小选择蒸制时间，防止鱼肉过老。

79. 黑蒜炖鹧鸪

操作视频

准备材料

主料： 鹧鸪（养殖）500g
辅料： 瘦肉 100g、金华火腿 30g、姜 30g、黑蒜 80g
调料： 盐 5g、白糖 5g、料酒 30g

制作步骤

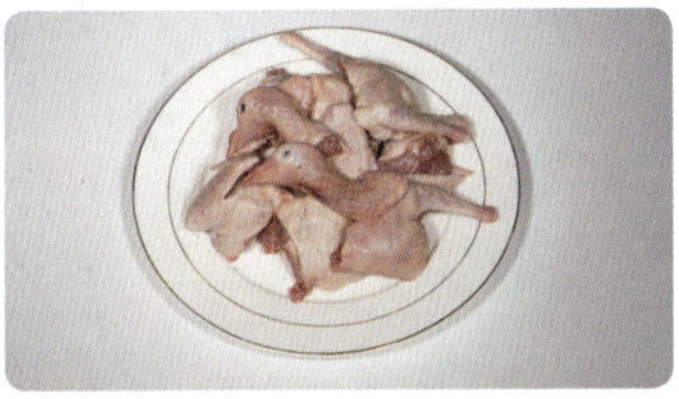
①

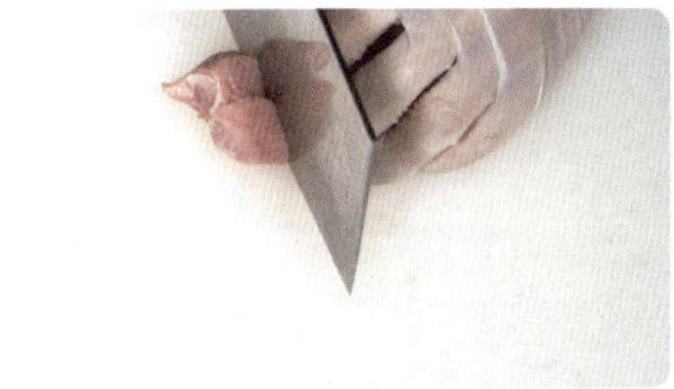
②

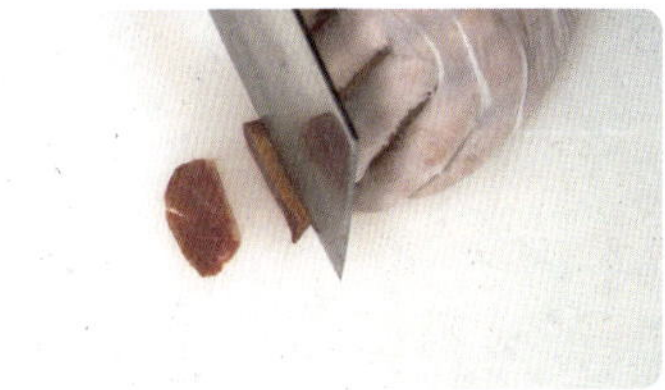
③

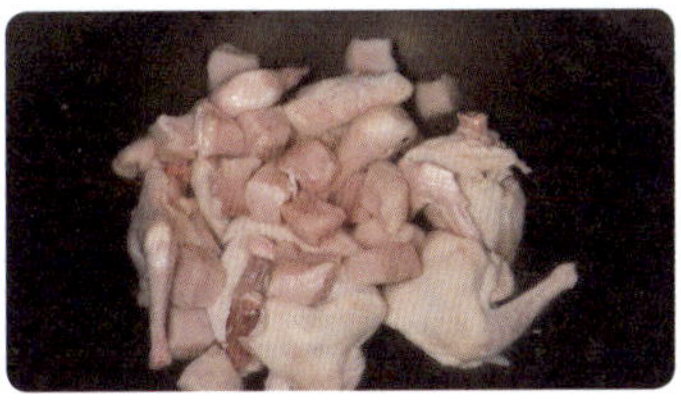
④

⑤

⑥

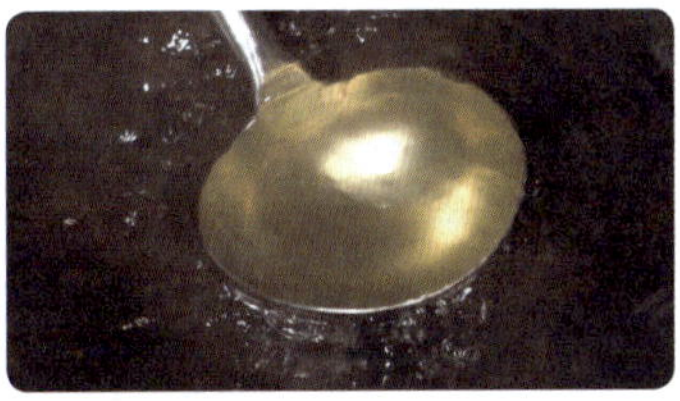
⑦

⑧

⑨

① 鹧鸪杀好后洗净，切小块。
② 瘦肉切成小方粒。
③ 金华火腿切成小薄片。
④ 净锅冷水，下姜、料酒，鹧鸪、瘦肉焯水，去除血水。
⑤ 鹧鸪、瘦肉冲洗干净后，沥干水分；黑蒜洗净，对半切开。
⑥ 把鹧鸪、瘦肉、黑蒜、姜、金华火腿放入汤盅之中。
⑦ 净锅烧水，加入盐、白糖、料酒调味。
⑧ 将调味汁倒入炖盅，加上盖，放入蒸柜大火炖 3 小时。
⑨ 取出，撇去浮油，装盘点缀，成菜。

注意事项

鹧鸪需要冷水下锅焯水，去除血水，再用清水将其洗净。

80. 豉汁蛏子皇

操作视频

准备材料

主料：蛏子皇 500g
辅料：蒜 10g、青红椒 10g、葱 5g
调料：豆豉 20g、蚝油 5g、生抽 5g、盐 2g、鸡粉 5g、白糖 5g、麻油 5g

制作步骤

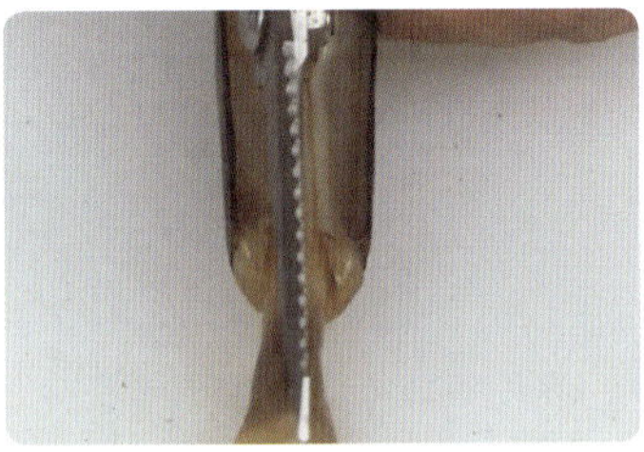
①

②

③

④

⑤

⑥

① 用剪刀剪开蛏子。
② 上盘装好。
③ 起锅烧油，下豆豉、蒜，炒香。
④ 盛出后加入盐、白糖、鸡粉、蚝油、生抽、麻油，调汁。
⑤ 把汁淋在蛏子肉上，撒上青红椒，蒸制 6 ～ 8 分钟后取出。
⑥ 撒上葱花，淋上热油，成菜。

注意事项

1. 蛏子需要提前放在清水中吐沙。
2. 蒸制时切勿蒸得过久。

81. 香菠蜜椒骨

操作视频

准备材料

主料： 肉排骨 400g、菠萝 100g
辅料： 蒜 10g、葱 5g、姜 5g、青尖椒 20g、红尖椒 20g
调料： 盐 2g、糖 5g、生粉 20g、鸡粉 10g、麻油 2g、蚝油 5g

制作步骤

①

②

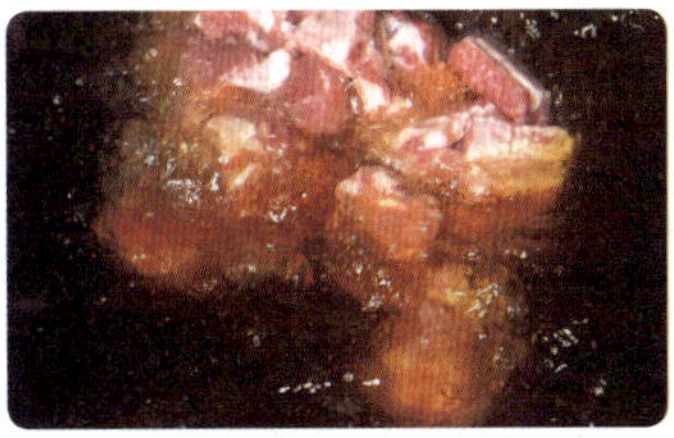

③

④

⑤

⑥

① 将排骨斩成小块，用盐、糖、鸡粉、生粉腌制 1 小时。
② 排骨冲水洗净后，吸干水分。
③ 净锅烧油至 150℃，把排骨浸炸至熟，捞出。
④ 菠萝去皮，切成同排骨大小的块。
⑤ 待油温重新升高后，排骨复炸 30 秒，捞出沥干备用。
⑥ 净锅热油，下蒜、葱、姜爆香，下排骨、蚝油、麻油、青尖椒、红尖椒，翻炒均匀，下包尾油，下菠萝，装盘点缀，成菜。

注意事项

1. 炸排骨时，注意油温不宜过高，避免里外生熟不一。
2. 复炸可以使成菜口感更佳。

82. 双味鸳鸯虾球

操作视频

准备材料

主料： 大海虾 600g

辅料： 鸡蛋 3 个、葱 50g、莲藕 100g、脆炸粉 1 包

调料： 盐 6g、白糖 6g、鸡粉 6g、生粉 30g、沙拉酱 150g、炼乳 30g、青芥末 5g

制作步骤

①

②

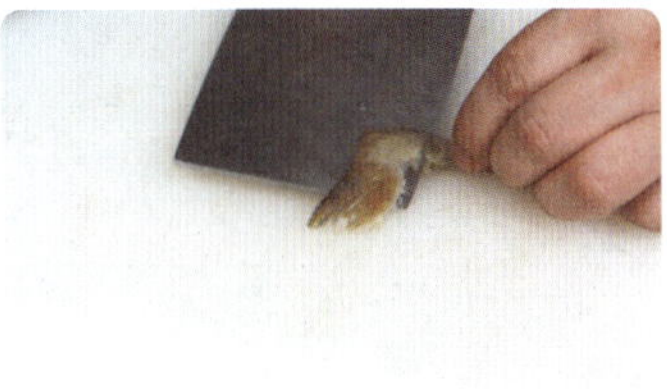

③

④

⑤

⑥

⑦

⑧

⑨

① 将一半的大海虾去头、去壳、开背、起虾球，然后洗净。

② 用盐、白糖、鸡粉、蛋清、生粉腌制虾球。

③ 剩余一半海虾去头、去枪，开半。

④ 将葱飞水，然后切碎。

⑤ 脆炸粉中加入水、盐、葱调成脆浆，将一半的虾放入其中并拌匀，然后用 150℃油温将虾炸透，捞起，复炸。

⑥ 取碗，加入沙拉酱、炼乳、青芥末拌匀。

⑦ 虾球上生粉，用 150℃油温将虾球浸炸至熟，捞起，复炸。

⑧ 莲藕切片，炸至金黄，捞出。

⑨ 将炸好的虾球拌上调好的沙拉酱，上盘摆好即可。

注意事项

1. 虾线要处理干净，避免影响美观与口感。

2. 炸制时油温要掌握好，避免影响成品质量。

83. 金蒜粉丝蒸元贝

操作视频

准备材料

主料： 元贝 750g、粉丝 50g
辅料： 蒜 200g、葱 30g
调料： 盐 10g、鸡粉 20g、生粉 20g、花生油 200g、生抽 5g、糖 5g

制作步骤

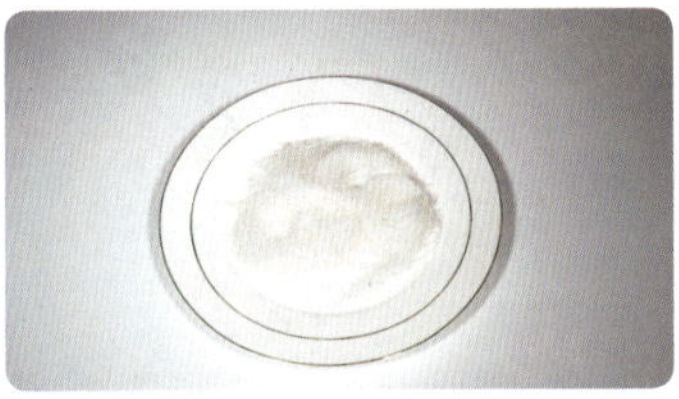

①

②

③

④

⑤

⑥

⑦

⑧

⑨

① 粉丝泡清水中浸软，切段。
② 元贝起肉，洗净，沥干水分备用。
③ 将蒜蓉剁碎后炸成金蒜。
④ 准备好碗，放入炸好的蒜、盐、鸡粉、生粉、糖、花生油、生抽，拌匀。
⑤ 元贝、粉丝分别调味。
⑥ 元贝壳垫底，依次放上元贝、粉丝。
⑦ 淋上拌好的金蒜汁。
⑧ 放入蒸柜，大火蒸 5 分钟。
⑨ 蒸好后，撒上葱、淋上热油即可。

注意事项

1. 元贝要清洗干净，以免有沙。
2. 蒸制时切忌时间过长。

84. 三丝鲜茄煮黄花鱼

操作视频

准备材料

主料：黄花鱼 600g（1 条）
辅料：瘦肉 50g、干冬菇 30g、蒜 10g、姜 10g、番茄 300g、葱 5g
调料：盐 5g、白糖 50g、鸡粉 10g、番茄沙司 30g、胡椒粉 2g、料酒 5g、生粉 5g

制作步骤

①

②

③

④

⑤

⑥

⑦

⑧

⑨

① 黄花鱼杀好洗净，擦干水分后改刀；瘦肉切丝，用盐、白糖、鸡粉腌制。
② 干冬菇用冷水泡发，切丝；番茄去皮、洗净、切小块。
③ 净锅热油，放入黄花鱼，小火煎至两面金黄，捞出。
④ 净锅热油，爆香蒜、姜、葱。
⑤ 下番茄、肉丝、冬菇炒香。
⑥ 将黄花鱼放入锅中，下料酒、清水。
⑦ 下番茄沙司、胡椒粉调味，开中小火将鱼烧熟。
⑧ 开大火收汁，勾芡，下包尾油。
⑨ 撒上葱花即可。

注意事项

1. 番茄需要去皮，以免影响口感。
2. 要将黄花鱼煎至两面金黄，以达到去腥、增香效果。

85. 盐焗花螺

操作视频

准备材料

主料： 花螺 500g
辅料： 粗盐 1000g、花椒 5g、八角 5g、香叶 5g
调料： 玫瑰露酒 50g

制作步骤

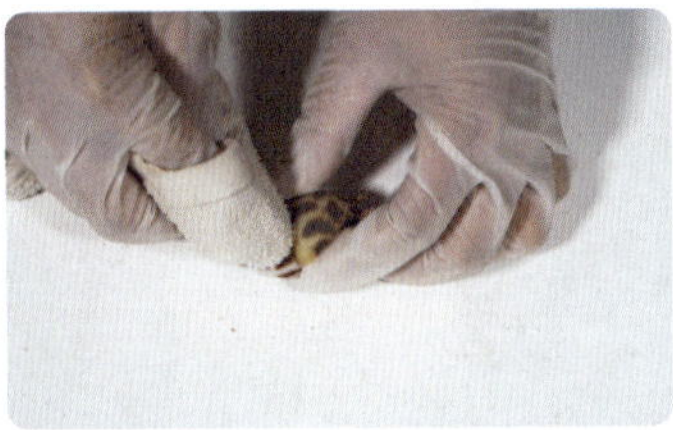

①

②

③

④

⑤

⑥

① 将花螺清洗干净。
② 热锅，下粗盐翻炒 3 分钟；下花椒、八角、香叶，继续翻炒 3 分钟。
③ 铲出粗盐，放入热好的砂锅中压平。
④ 整齐放入花螺，螺口统一朝上。
⑤ 盖好盖子，中小火焗 15 分钟。
⑥ 在开盖子时浇上玫瑰露酒并点燃，可增加香味和气氛。

注意事项

1. 花螺一定要新鲜。
2. 焗花螺时控制好时间，以免花螺过熟。

86. 黑椒菌牛肋骨

操作视频

准备材料

主料： 牛肋骨 400g
辅料： 杏鲍菇 100g、干葱头 50g、蒜 20g、姜 20g、葱 50g、香茅 100g、手指胡萝卜 50g、芹菜 100g
调料： 蚝油 10g、生抽 10g、盐 100g、白糖 20g、生粉 20g、黑胡椒 10g、白胡椒 20g

制作步骤

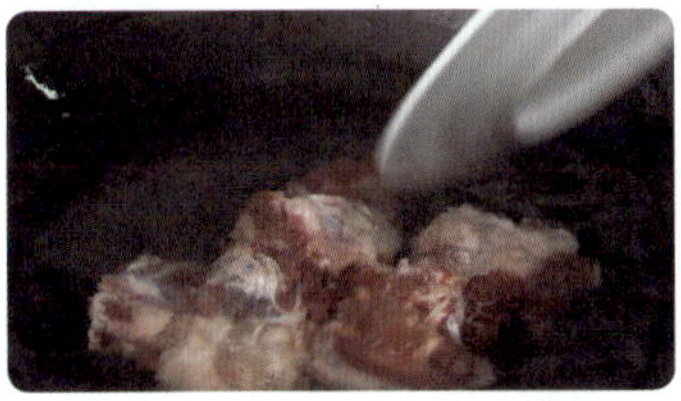

①

②

③

④

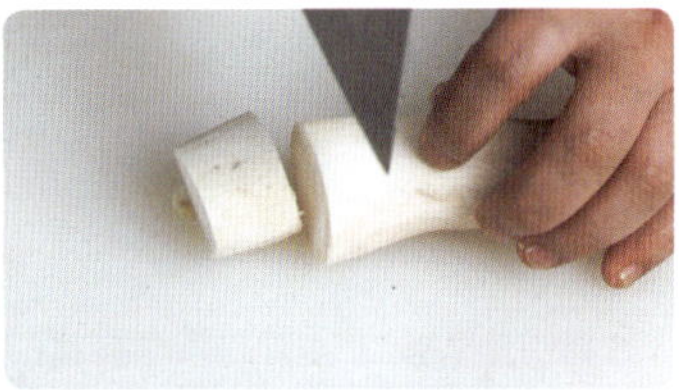

⑤

⑥

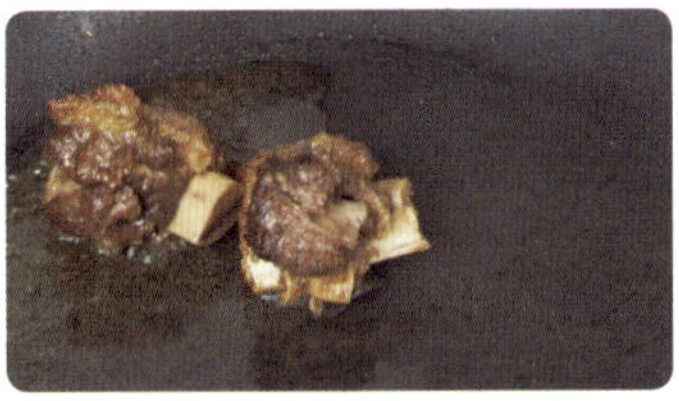

⑦

⑧

⑨

① 牛肋骨斩成厚件，飞水。
② 用芹菜、香茅、姜、白胡椒、黑胡椒、盐、白糖、蚝油、生抽、葱头、蒜、葱，加入清水，调汁水。
③ 将牛肋骨放入锅中，煲 45 分钟。
④ 煲好后取出备用，汤汁留用。
⑤ 杏鲍菇洗净，切圆厚片，下锅煎至两面金黄。
⑥ 用牛肋骨汁将杏鲍菇炆至入味。
⑦ 热锅烧油，将牛肋骨放入，小火煎后再用大火爆烧。
⑧ 将牛肋骨、杏鲍菇上盘摆好。
⑨ 热锅净水，下黑胡椒，放入原汤汁，加入生粉水勾芡，调色淋汁，用手指胡萝卜装饰即可。

注意事项

1. 牛肋骨冷水下锅，焯干净血水。
2. 煲制牛肋骨时要用中小火。

87. 黑松露杏鲍菇炒贵妃蚌

操作视频

准备材料

主料：贵妃蚌 400g
辅料：杏鲍菇 200g、彩椒 150g、蒜 10g、姜 10g、葱 10g
调料：黑松露酱 20g、蚝油 5g、盐 2g、白糖 5g、鸡粉 5g、生粉 5g

制作步骤

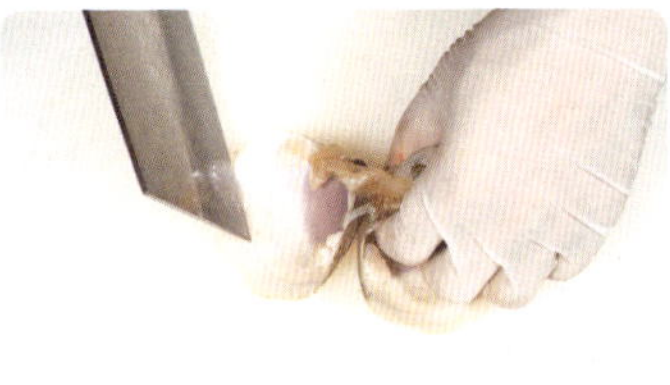
①

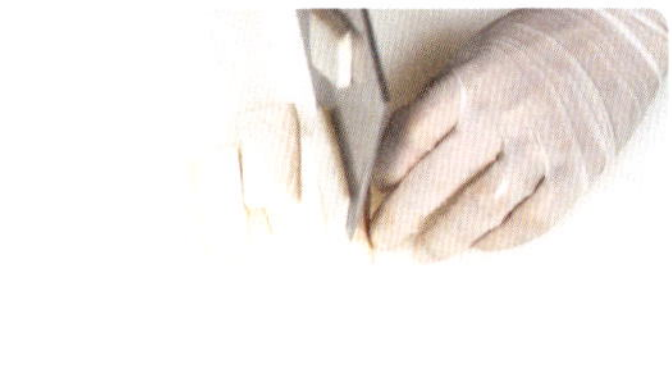
②

③

④

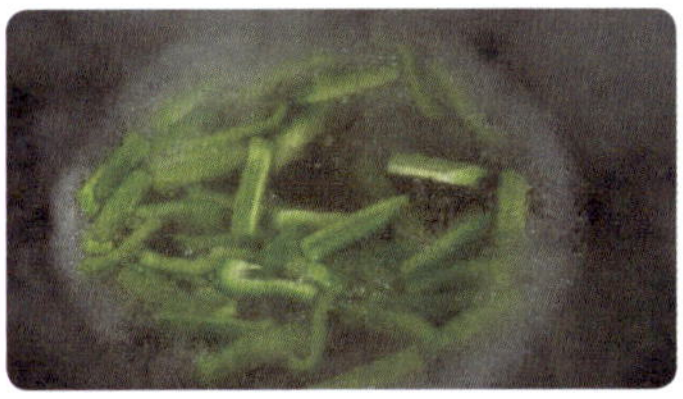
⑤

⑥

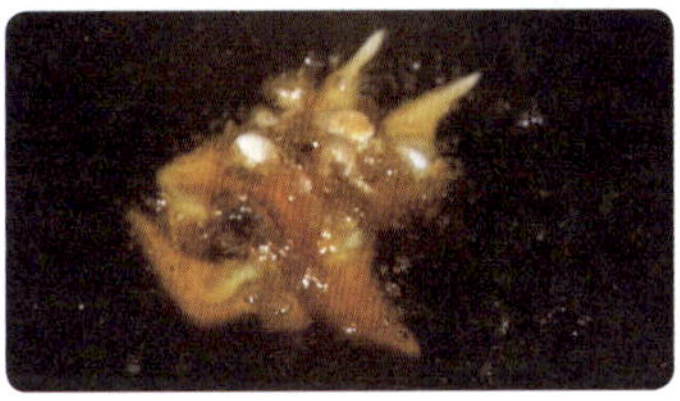
⑦

⑧

⑨

① 贵妃蚌取肉、切片、洗净，用盐、白糖、鸡粉、生粉腌制。
② 杏鲍菇洗净、切厚片，彩椒洗净、切件。
③ 净锅烧油，下杏鲍菇炸至金黄，捞出。
④ 复炸杏鲍菇。
⑤ 调味水，将杏鲍菇、彩椒滚煨入味。
⑥ 净锅烧水，放入贵妃蚌焯水。
⑦ 净锅烧油，将贵妃蚌过油，捞出。
⑧ 爆香蒜、姜、葱，加入炸好的杏鲍菇、彩椒、贵妃蚌，下黑松露酱、蚝油，翻炒均匀。
⑨ 勾芡，下盐，下包尾油，装盘点缀，成菜。

注意事项

1. 杏鲍菇要经过复炸，逼出多余的油。
2. 彩椒和贵妃蚌焯水时间不宜过长。

88. 芙蓉炒鱼芸

操作视频

准备材料

主料： 大鱼头 400g
辅料： 鸡蛋 200g、炸花生 30g、姜 30g、葱 30g
调料： 盐 3g、鸡粉 2g、胡椒粉 3g

制作步骤

①

②

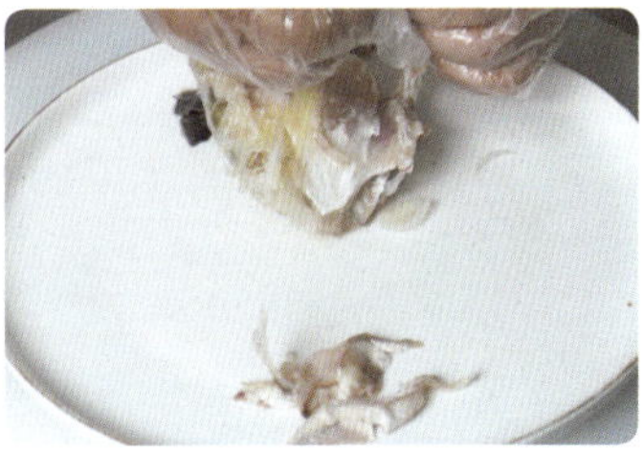
③

④

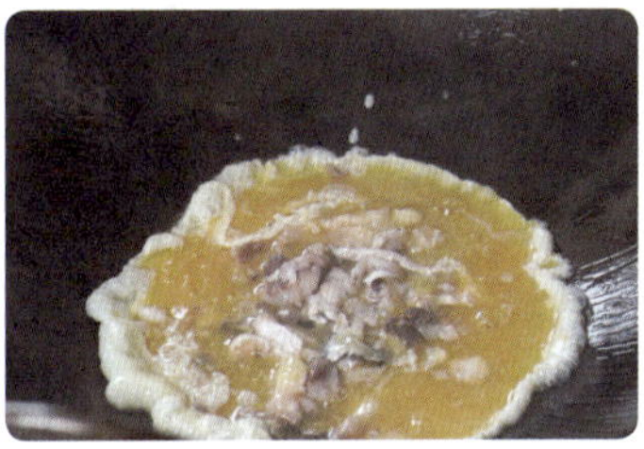
⑤

⑥

① 将大鱼头洗净，炸花生剁碎。
② 大鱼头放入姜、葱、盐，蒸熟。
③ 将大鱼头拆骨，起鱼芸。
④ 鸡蛋中放入盐、鸡粉、胡椒粉调味，打匀。
⑤ 将鱼芸炒香，将鸡蛋放入，顺时针推炒至熟。
⑥ 上盘后放入葱花、花生碎即可。

注意事项

1. 蒸鱼头时要控制好火候。
2. 鱼头拆骨时一定要将骨去净。

89. 泡菜煮肥牛

操作视频

准备材料

主料：肥牛卷 300g
辅料：番茄 300g、金针菇 150g、辣白菜 200g、蒜 15g、姜 10g、小米辣 5g、杭椒 10g
调料：黄豆酱 20g、辣椒酱 15g、白醋 10g、生抽 10g、盐 3g、白糖 8g

制作步骤

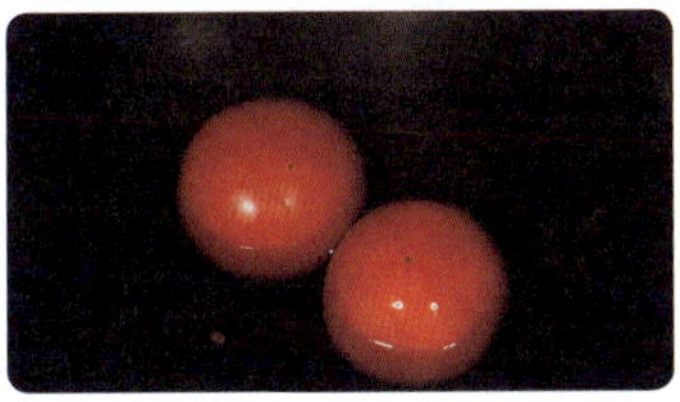
①

②

③

④

⑤

⑥

⑦

⑧

⑨

① 净锅烧水，水开后放入番茄，煮 2 分钟后捞出，撕掉表皮。
② 去皮后的番茄切碎，备用。
③ 金针菇洗净，切掉根部，小米辣、杭椒切圈。
④ 净锅热油，下蒜、姜爆香。
⑤ 加入黄豆酱、辣椒酱、番茄，翻炒至浓稠。
⑥ 下盐、白糖调味，加入 250g 清水，煮沸。
⑦ 下金针菇、肥牛卷，煮开。
⑧ 下生抽、白醋、过水后的辣白菜，翻炒均匀；下小米辣、杭椒，翻炒均匀。
⑨ 装盘点缀，成菜。

注意事项

1. 泡菜有咸度，应适当调整盐和生抽的用量。
2. 番茄要去皮。
3. 控制好肥牛的熟度。

90. 黑椒脆皮牛腩

操作视频

准备材料

主料： 牛腩 750g
辅料： 脆炸粉 200g、卤水汁 3000g、黑椒碎 3g
调料： 生粉 50g、黑椒汁 20g、蚝油 5g、盐 3g、白糖 3g、鸡粉 2g

制作步骤

①

②

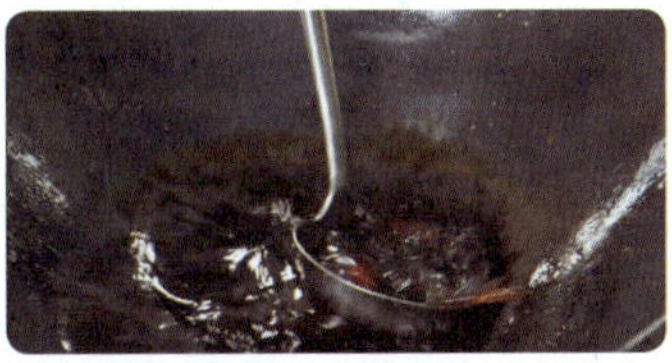

③

④

⑤

⑥

① 牛腩改刀成长条，冲水洗净。
② 牛腩冷水下锅，煮至断生，捞出。
③ 净锅将卤水汁烧开，将牛腩放入其中浸泡。
④ 脆炸粉加水、盐，调成脆浆。
⑤ 牛腩挂上脆浆；净锅烧油，下牛腩条炸至金黄，改刀成块。
⑥ 用黑椒碎、黑椒汁、蚝油、盐、白糖、鸡粉、水调味，勾芡，下包尾油，装味碟，摆盘，点缀成菜。

注意事项

1. 卤牛肉时，锅底应放上高温垫，防止牛腩糊底。
2. 牛腩煮制的时间要足够，牛腩软烂才不会影响口感。
3. 改刀切片时要顺着筋切，以免牛腩散烂不成形。

91. 芥香花螺

操作视频

准备材料

主料：花螺 400g
辅料：沙姜 20g、姜 15g、蒜 15g、香菜 15g、青瓜 250g、小米辣 20g
调料：盐 2g、豉油 15g、芥末 15g、糖 5g、味粉 5g

制作步骤

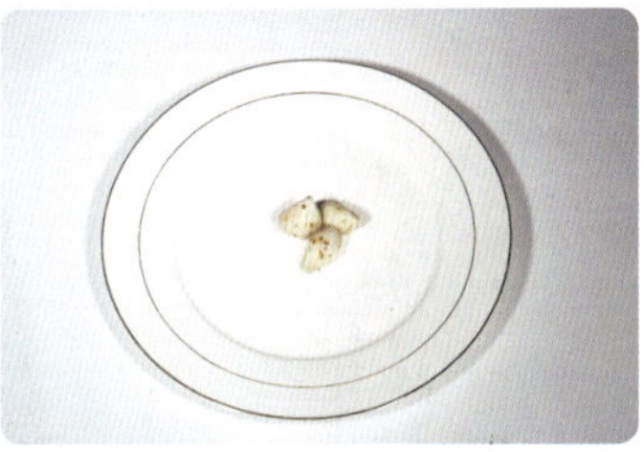
①

②

③

④

⑤

⑥

① 鲜沙姜去皮、剁碎。
② 净锅烧水，下花螺，焯水至熟，将肉取出，用冰水泡，待用。
③ 青瓜洗净、切条，用糖、盐、芥末、味粉、豉油调味，垫底。
④ 沙姜、姜、蒜、小米椒用热油浇淋，激发香味。
⑤ 将花螺肉吸干水分后拌味。
⑥ 装盘，用香菜装饰，成菜。

注意事项

1. 芥末不能高温烹调。
2. 焯花螺时间不能太久，避免花螺熟过头。

92. 黄豆酱花肉煎炆红杉鱼

操作视频

准备材料

主料： 红杉鱼 600g
辅料： 五花肉 75g、西芹 50g、姜 10g、蒜 10g、葱 8g、干冬菇 5g、红椒 20g
调料： 盐 3g、鸡粉 5g、白糖 4g、黄豆酱 50g、料酒 5g

制作步骤

①

②

③

④

⑤

⑥

① 葱、姜、蒜分别切小粒。
② 干冬菇浸发好后切丝，西芹切小粒，红椒切丝。
③ 五花肉切小条，用盐、鸡粉、白糖、料酒腌好。
④ 红杉鱼开肚、去内脏，洗净后用盐腌好，备用。
⑤ 净锅热油，下红杉鱼煎至约 8 成熟。
⑥ 起锅爆香五花肉、葱、姜、蒜，下黄豆酱、五花肉，加水没过表面，下调料并加热入味，下红杉鱼、冬菇、西芹、红椒，勾芡收汁，下包尾油后装盘。

注意事项

1. 煎鱼前要用厨房纸吸干鱼的水分。
2. 掌控好黄豆酱的咸度。

93. 黑醋脆皮大肠

操作视频

准备材料

主料：猪大肠 400g
辅料：姜 15g、葱 12g、八角 3g、香叶 3g
调料：盐 20g、白糖 60g、鸡粉 8g、白醋 250g、浙醋 200g、麦芽糖 100g、黑醋 50g、生粉 5g

制作步骤

①
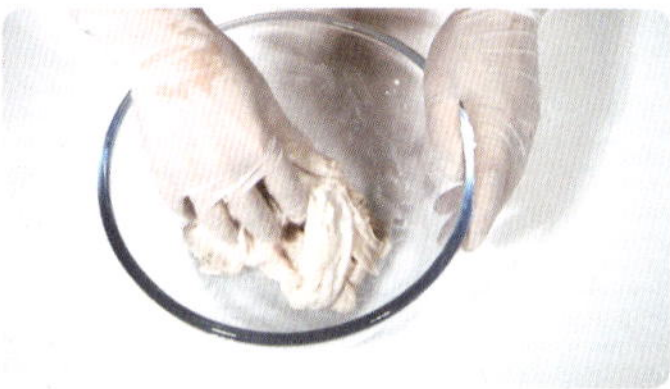
②
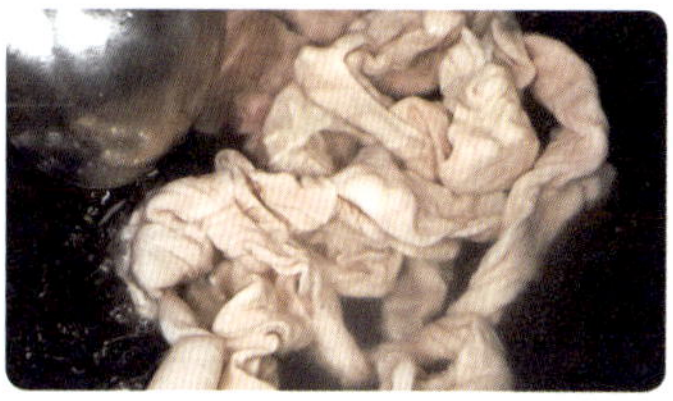
③

④

⑤

⑥

⑦

⑧

⑨

① 将猪大肠放入盆中，加入盐、生粉，按压抓洗，去除表面的黏液，然后用清水冲洗干净。
② 再次加入盐和生粉，继续抓洗，利用盐的摩擦和面粉的吸附性，将猪大肠表皮的黏液清洗干净，正反面都要清洗几遍。
③ 清洗干净的猪大肠冷水下锅，焯水，水开后撇去浮沫，煮 2 分钟后捞出。
④ 用八角、香叶、姜、葱、盐、白糖、鸡粉调白卤水，备用。
⑤ 将焯过水的猪大肠冲洗干净，放入白卤水中，小火煮 30 分钟。
⑥ 制作脆皮水：将白醋、浙醋、麦芽糖放入碗中，搅拌均匀，使麦芽糖溶化。
⑦ 将煮好的猪大肠捞出，趁热刷上脆皮水，然后放在通风处风干 3 小时。
⑧ 锅中倒入食用油，烧至 7 成热，将风干后的猪大肠放入锅中，炸至表面金黄酥脆，捞出控油。
⑨ 起锅倒入黑醋、白糖，搅拌均匀，勾芡；将炸好的猪大肠切成小段，摆入盘中，淋黑醋汁即可。

注意事项

1. 猪大肠要反复清洗至无异味。
2. 炸猪大肠时注意火候。
3. 风干时间要足够。

94. 板麻和牛粒

操作视频

准备材料

主料：和牛肉 250g
辅料：杏鲍菇 600g
调料：盐 2g、鸡粉 2g、白糖 3g、烧汁 3g、鲜辣露 2g、蚝油 20g、料酒 2g

制作步骤

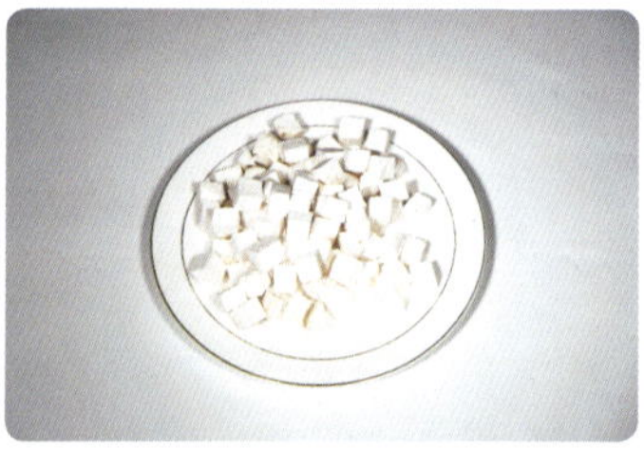

①

②

③

④

⑤

⑥

① 杏鲍菇切方丁。
② 和牛肉切成与杏鲍菇等大方丁。
③ 净锅烧油至 150℃，下杏鲍菇，炸至金黄。
④ 用平底锅将和牛肉煎至 8 成熟。
⑤ 用盐、辣鲜露、烧汁、白糖、鸡粉、蚝油、料酒调汁。
⑥ 净锅热油，放入和牛肉、杏鲍菇，下调好的汁水，收汁上盘即可。

注意事项

烹调中注意和牛肉的成熟度。

95. 鲜芡实藕带蜜豆炒虾球

操作视频

准备材料

主料： 海虾 100g
辅料： 鲜芡实 8g、藕带 200g、蜜豆 150g、姜 10g、蒜 10g、葱 10g、红尖椒 15g、琥珀核桃 30g
调料： 盐 4g、鸡粉 3g、白糖 3g、生粉 5g

制作步骤

①

②

③

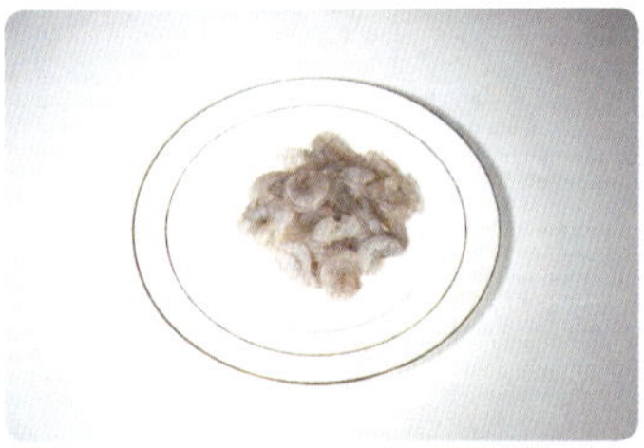

④

⑤

⑥

① 姜、蒜切片，葱切葱榄，红尖椒切椒件。
② 鲜芡实冲洗干净，藕带切菱形段。
③ 蜜豆摘头、尾、边根，洗净。
④ 虾仁面背切一刀、去肠，制成虾球，用盐、鸡粉、白糖、生粉腌制。
⑤ 下锅烧水，藕带、芡实和蜜豆焯水，用 120℃油把虾仁拉至 8 成熟，备用。
⑥ 起锅烧油，下姜、葱、蒜、红尖椒，加入芡实、蜜豆、虾仁、藕带和调料，加热入味，勾芡、下包尾油后盛出，琥珀核桃装饰，成菜。

注意事项

1. 虾要去掉虾肠并洗净。
2. 虾球拉油时要控制好油温。

96. 豉油皇煎焗羔鱿